互联网口述历史
第 1 辑
英雄创世记

04

金钱永远
都不是原动力

伦纳德·克兰罗克

Leonard Kleinrock

主编
方兴东

中信出版集团 | 北京

图书在版编目（CIP）数据

伦纳德·克兰罗克：金钱永远都不是原动力 / 方兴
东主编. -- 北京：中信出版社，2021.4
（互联网口述历史. 第1辑，英雄创世记）
ISBN 978-7-5217-1313-8

Ⅰ. ①伦… Ⅱ. ①方… Ⅲ. ①互联网络－普及读物②
伦纳德·克兰罗克－访问记 Ⅳ. ①TP393.4-49
②K837.126.16

中国版本图书馆CIP数据核字（2019）第294863号

伦纳德·克兰罗克：金钱永远都不是原动力
（互联网口述历史第 1 辑·英雄创世记）

主　　编：方兴东
出版发行：中信出版集团股份有限公司
　　　　　（北京市朝阳区惠新东街甲4号富盛大厦2座　邮编　100029）
承 印 者：北京诚信伟业印刷有限公司

开　　本：787mm×1092mm　1/32　　印　张：5.25　　字　数：71千字
版　　次：2021年4月第1版　　　　印　次：2021年4月第1次印刷
书　　号：ISBN 978-7-5217-1313-8
定　　价：256.00元（全8册）

Your Oral History of the Internet is a superb project & I am pleased to be a part of that effort. Bringing the expertise of historians along with technologists is exactly the way to address the Internet history.

Your casual, yet incisive, interview was well done.

Best regards

Leonard Kleinrock

"互联网口述历史"是一个很棒的项目，我很高兴能够参与其中。将历史学家与技术专家的专业性融合在一起的探索方法，正是了解互联网历史的最好方法。你们的采访轻松但深刻，是一次很棒的采访。

祝顺。

伦纳德·克兰罗克

伦纳德·克兰罗克写寄语

互联网口述历史团队

学 术 支 持：浙江大学传媒与国际文化学院

学术委员会主席：曼纽尔·卡斯特（Manuel Castells）

主　　　　编：方兴东

编　　　　委：倪光南　熊澄宇　田　涛　王重鸣
　　　　　　　　吴　飞　徐忠良

访 谈 策 划：方兴东

主 要 访 谈：方兴东　钟　布

战 略 合 作：高忆宁　马　杰　任喜霞

整 理 编 辑：李宇泽　彭筱军　朱晓旋　吴雪琴
　　　　　　　　于金琳

访 　谈 　组：范媛媛　杜运洪

研 究 支 持：钟祥铭　严　峰　钱　竑

技 术 支 持：胡炳妍　唐启胤

传 播 支 持：李　可　张雅琪

牵 头 执 行：

 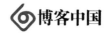

学术支持单位:

浙江大学社会治理研究院　　　互联网与社会研究院

特 别 致 谢:

本项目为 2018 年度国家社科基金重大项目"全球互联网 50 年发展历程、规律和趋势的口述史研究"(项目编号:18ZDA319)的阶段性成果。

目　录

总序　人类数字文明缔造者群像

方兴东

"互联网口述历史"项目发起人

　　新冠疫情下，数字时代加速到来。要真正迎接数字文明，我们既要站在世界看互联网，更要观往知来。1994年，中国正式接入互联网，至那一年，互联网已经整整发展了25年。也就是说，我们中国缺席了互联网50年的前半程。这也是"互联网口述历史"项目的重要触动点之一。

　　"互联网口述历史"项目从2007年正式启动以来，到2019年互联网诞生50周年之际，完成了访谈全球500位互联网先驱和关键人物的第一阶段目标，覆盖了50多个国家和地区，基本上涵盖了互联网的全球面貌。2020年，我们开始进入第二阶段，除了继续访谈，扩大至更多的国家和地区，我们更多的精力将集中在访谈成果的陆续整理上，图书出版就是其中的成果之一。

通过口述历史，我们可以清晰地感受到：互联网是冷战的产物，是时代的产物，是技术的产物，是美国上升期的产物，更是人类进步的必然。但是，通过对世界各国互联网先驱的访谈，我们可以明确地说，互联网并不是美国给各国的礼物。每一个国家都有自己的互联网英雄，都有自己的互联网故事，都是自己内在的需要和各方力量共同推动了本国互联网的诞生和发展。因为，互联网真正的驱动力，来自人类互联的本性。人类渴望互联，信息渴望互联，机器渴望互联，技术渴望互联，互联驱动一切。而 50 年来，几乎所有的互联网先驱，其内在的驱动力都是期望通过自己的努力，促进互联，改变世界，让人类更美好。这就是互联网真正的初心！

互联网是全球学术共同体的产物，无论过去、现在还是将来，都是科学世界集体智慧的成果。50 余年来，各国诸多不为名利、持续研究创新的互联网先驱，秉承人类共同的科学精神，也就是自由、平等、开放、共享、创新等核心价值观，推动着互联网不断发展。科学精神既是网络文化的根基，也是互联网发展的根基，更是数字时代价值观的基石。而我们日常所见的商业部分，只是互联网浮出水面的冰山一角。互联网 50 年的成功是技术创新、商业创新和制度创新三者良性协调联动的结果。

可以说，由于科学精神的庇护和保驾，互联网50年发展顺风顺水。互联网的成功，既是科学和技术的必然，也是政治和制度的偶然。互联网非常幸运,冷战催生了互联网，而互联网的爆发又恰逢冷战的结束。过去50年，人类度过了全球化最好的年代。但是，随着以美国政府为代表的政治力量的强势干预，以互联网超级平台为代表的商业力量开始富可敌国、势可敌国，我们访谈过的几乎所有互联网先驱，都认为今天互联网巨头的很多作为，已经背离互联网的初心。他们对互联网的现状和未来深表担忧。在政治和商业强势力量的主导下，缔造互联网的科学精神会不会继续被边缘化？如果失去了科学精神这个最根本的守护神，下一个50年互联网还能不能延续过去的好运气，整个人类的发展还能不能继续保持好运气？这无疑是对每一个国家、每一个人的拷问！

中国是互联网的后来者，并且逐渐后来居上。但中国在发展好和利用好互联网之外，能为世界互联网做什么贡献？尤其是作为全球最重要的公共物品，除了重商主义主导的商业成功，中国能为全球互联网做出什么独特的贡献？也就是说，中国能为全球互联网提供什么样的公共物品？这一问题，既是回答世界对我们的期望，也是我们自己对自己的拷问。"互联网口述历史"项目之所以能够得到全世界各界的大力支持，并产生世界范围的影响，极重要的原因之一就是这个项目首先是一个真正的公共物品，能够激发全球互联网共同的兴趣、共同的思考，对每一个国家都有意义和价值。通过挖掘和整理互联网历史上最关键人物的历史、事迹和思想，为全球互联网的发展贡献微薄之力，是我们这个项目最根本的宗旨，也是我们渴望达到的目标。

前　言

　　四位"美国互联网之父"中，伦纳德·克兰罗克（Leonard Kleinrock）年龄最长。他自参加工作起就一直在高校任教，迄今培育了相当数量的学生，其中很多都成了互联网业界蜚声于世的专家，比如另一位同列"互联网之父"的温顿·瑟夫。在接受"互联网口述历史"项目的访谈中，伦纳德·克兰罗克说这辈子他最完美的职业就是当教授。

　　伦纳德·克兰罗克在他加利福尼亚大学（以下简称加州大学）洛杉矶分校的 3732 办公室度过了 56 年时光。在距离互联网诞生近半个世纪之后，同样在这个房间里，墙上依然挂着 IEEE[①]颁发的 "出生证明"，还有当年的机器，连墙壁的颜色以及灯光都还是当年的样子，当然还有最重要的就是伦纳德 · 克兰罗克本人，也成为这一历史纪念地的一部分。伦纳德 · 克兰罗克面对 "互联网口述历史" 项目的采访镜头，用详细、全面的回忆，为人们重现了互联网诞生历程中第一个路由器、互联网第一个节点、第一次成功联网、发出的第一个信息 "LO" 等种种故事。还有最早的那台 IMP[②]，每次有人来访，伦纳德 · 克兰罗克都要狠狠拍几下，以证明它的结实程度。这个房间简简单单，但是正如伦纳德 · 克兰罗克所说的，进到这里要怀着朝圣的心情。

在 1999 年 9 月 7 日举行的庆祝互联网诞生 30 周年的纪念大会上，与会的科学家和企业家表示，这个给社会带

---

① IEEE，全称为 Institute of Electrical and Electronics Engineers，即电气和电子工程师协会，美国的一个由电子技术与信息科学工程师组成的协会，创立于 1963 年，是目前世界上最大的非营利性专业技术学会。

② IMP，全称为 Interface Message Processor，即接口信息处理机。按照阿帕网络的术语，转发节点通称为接口信息处理机。IMP 是一种专用于通信的计算机，有些 IMP 之间直接相连，有些 IMP 之间必须经过其他的 IMP 间接相连。

来令人难以置信的财富并且改变了全球通信方式的巨大电脑网络,是人类历史上的一个奇迹。

当时还是加州大学洛杉矶分校教授的伦纳德·克兰罗克在大会上说:"我们正在步出互联网的石器时代。"就是在 1969 年 9 月 2 日,伦纳德·克兰罗克和他领导的研究小组成功地把两台电脑和一台电冰箱大小的转换装置连接在一起,并在接下来的一个月中使两台电脑通过这台转换装置进行了对话,从而为日后互联网的迅猛发展提供了必要条件。

在实验成功的 50 年后,互联网已经变得几乎无处不在。它不单单改变了人们用来进行通信交流、购物以及投资的方式,也让商业的运营模式发生深层次的重构。而后来的企业家们,都把 1969 年伦纳德·克兰罗克做的事当成上述一切巨变的开始。

正如伦纳德在接受访谈时所说的,"金钱永远都不是原动力"。事实上,正是有了这些互联网先驱朴素无私的奉献和贯彻始终的互联网精神——开放、平等、自由、创新、分享,他们没有将他们的发明申请专利保护起来,才有了今天互联网带给全人类的巨大赋能。

回首互联网发展的 50 年,这些先驱给人们带来了更加美好的生活。如今,他们还在无私地奉献着自己的心得、体会和鲜为人知的故事，为互联网的发展和未来照亮前路。

致敬互联网诞生 50 年，致敬所有的互联网先驱！

人物生平

伦纳德·克兰罗克，工程师和计算机科学家，1934年6月13日出生于纽约曼哈顿。他是加州大学洛杉矶分校工程与应用科学学院计算机科学教授，对计算机网络领域特别是计算机网络的理论基础领域有着重要贡献。他在加州大学洛杉矶分校为互联网前身——阿帕网的发展发挥了重要作用，被称为"数据网之父"，也是公认的互联网先驱之一。

伦纳德·克兰罗克博士著作等身，共撰写6部著作，发表250余篇论文，并申请了18项技术专利。同时荣誉等身，他是美国工程院院士，美国艺术与科学学院院士，IEEE院士，ACM（美国计算机协会）院士，INFORMS（美国运筹学和管理科学协会）院士，IEC（国际电工委员

会）古根海姆学者。他曾于 2001 年获得美国工程院德雷珀
奖，之后还获得了美国国家科学奖章、LM 爱立信奖、马可
尼（Marconi）国际奖、丹・戴维（Dan David）奖、日本大
川奖、IEEE 互联网千年奖、INFORMS 总统奖等。

2007 年，布什总统为伦纳德·克兰罗克颁发美国国家科学奖奖章

2001 年，伦纳德·克兰罗克等人获得德雷珀奖

第一次访谈

访 谈 者：方兴东、钟布、李颖
访谈地点：加州大学洛杉矶分校
访谈时间：2017年8月5日

访谈者：您好！非常感谢您抽出时间接受我们的访谈。请您给我们讲讲阿帕网①的由来吧。

伦纳德·克兰罗克：阿帕网是互联网的前身和基础。在1957年，苏联发射了第一颗人造卫星，这是第一颗绕地球轨道运行的卫星，它不断发出的"嘟嘟"声简直要逼疯美国人。当时德怀特·艾森豪威尔总统说："苏联人让我们失去了技术的领先，我们必须把这种局面扭转过来。"所以在1958年年初，他创建了美国高级研究计划局，这个机构

---

① 阿帕网（ARPAnet），20世纪80年代的美国网络不叫互联网，而叫阿帕网。所谓"阿帕"（ARPA），是美国高级研究计划局的简称。其核心机构之一是信息处理技术办公室（IPTO），一直在关注电脑图形、网络通信、超级计算机等研究课题。阿帕网是美国高级研究计划局开发的世界上第一个运营的封包交换网络，它是全球互联网的始祖。

的职责就是支持科学、技术、工程、数学领域的基础研究，让美国重新回到这些领域的领先地位。美国高级研究计划局开始为很多科学领域的研究提供支持。1962 年，它开始以信息处理技术办公室的方式，为计算机研究提供支持。

其第一任领导者是约瑟夫·利克莱德①，他是一个杰出而有远见的人，对计算机研究的支持持续了数年。第二任领导者是伊万·萨瑟兰②，他在 1964 年接任，是我在麻省理工学院的同班同学。他跟我说："伦纳德，你们校园里有三台一模一样的计算机，分别在医学院、商学院和综合院区，我们用一个小的三节网络把它们连接起来吧。你知道怎么做，这个不难，很容易的，因为它们是相同的计算机。"然后为了这个事儿他在三个地方的行政办公室奔

---

① 约瑟夫·利克莱德（Joseph Licklider，也称 J. C. R. Licklider），1915 年出生，全球互联网公认的开山领袖之一，麻省理工学院的心理学和人工智能专家。1960 年，他发表了一篇题为"人—计算机共生关系"（Man-Computer Symbiosis）的文章，设计了互联网的初期架构——以宽带通信线路连接的电脑网络，其目的是实现信息存储、提取以及实现人机交互的功能。于 1990 年逝世。
② 伊万·萨瑟兰（Ivan Sutherland），美国计算机科学家，"计算机图形学之父"和"虚拟现实之父"，1988 年图灵奖获得者。伊万·萨瑟兰发明的电脑程序"画板"是人们"曾经编写过的程序中最重要的一份程序"。

走，但是他们都不同意。他们的官僚主义和嫉妒心如此之强，以至于没有一个部门的人愿意分享他们的计算机，所以到最后也没连成。但是这件事也带来一个好处，就是把计算机连接成网络的这个主意在美国高级研究计划局达成了共识，人们觉得网络有它的好处。

后来鲍勃·泰勒①接任伊万的位置主持美国高级研究计划局，一如既往地支持美国各地的许多研究人员，给他们提供计算机用以研究。相当多的研究人员都开发出了非常专业的技术，比如犹他大学有精湛的制图技术、斯坦福研究院有数据库技术、加州大学洛杉矶分校有仿真技术，伊利诺伊大学开发出了高性能运算计算技术，等等。美国高级研究计划局继续四处寻找并支持非常优秀的研究人员。1966 年，鲍勃·泰勒决定资助建立一个数据网络来连接这些不同的研究中心。他与我的另一位麻省理工学院的同学

---

① 鲍勃·泰勒（Bob Taylor），也称罗伯特·泰勒（Robert W. Taylor），1932 年出生，曾任美国高级研究计划局信息处理技术办公室主任。于 2019 年 4 月 13 日逝世。

拉里·罗伯茨（Larry Roberts）[1]进行了接触，拉里当时在他手下担任一个项目的首席科学家，领导麻省理工学院林肯实验室的一个研究小组。所以美国高级研究计划局想请拉里加入。但是拉里一点都不想参加，他只想继续他的研究，就说为什么非得去政府机构里干活，听上去一点也不好玩。后来他们开始给拉里施压。因为鲍勃·泰勒知道林肯实验室的经费来源于美国国防部，所以他跟资助林肯实验室的负责人查尔斯·赫兹菲尔德[2]说，他们需要拉里。

另一边呢，拉里问了我的意见，我当时刚好在波士顿，就开车去找他，我们在马萨诸塞州的列克星敦碰了面，林肯实验室就在那儿。虽然叫林肯实验室，但是它不在林肯，而是在列克星敦，还不在市里，是在一个叫汉斯科姆菲尔德的地方，是一个空军基地。我俩碰了头，大半夜坐在拉里的大众汽车里聊天。拉里跟我说："他们真的特别想让我去，但我根本不知道自己会不会喜欢它。我到底该怎

---

[1] 拉里·罗伯茨（Larry Roberts），1937 年 6 月出生，美国工程院院士，互联网前身——阿帕网的总设计师，是公认的"互联网之父"之一。2012 年入选互联网名人堂。于 2018 年 12 月逝世。

[2] 查尔斯·赫兹菲尔德（Charles Herzfeld），1965 年至 1967 年美国高级研究计划局局长。

办?"我跟拉里说:"拉里,为什么不去试一下呢?我了解林肯实验室,如果你不喜欢那份工作,林肯实验室还会让你回去的,因为它就曾这么对待过我。所以,就试试吧。要是你不喜欢,你就回来。"可能我的说服不是拉里加入美国高级研究计划局最根本的原因,实际上真正的原因是鲍勃·泰勒知道林肯实验室的预算来自国防部,所以,他让资助林肯实验室的董事级人物去实验室,告诉实验室的人我们需要拉里,他们只能让拉里走。我帮助他们双方认识到这么做很合理,而且会很有趣,对拉里本人也有很大的好处。

美国高级研究计划局的资助原则十分与众不同。他们会寻找优秀的研究人员,然后告诉他:"你是优秀的研究人员,这些钱给你,我们需要你在自己最擅长的领域进行研究。"如果研究人员说:"可以,给我买一台大型计算机。"美国高级研究计划局的人就会说:"好的,我们会给你买。"那个时候,研究人员都对当时的情况比较熟悉,他们会说:"我看犹他大学的制图计算机非常好,伊利诺伊大学的高性能计算也不错,我希望我这里也有这些。"美国高级研究计划局的人说:"我们没有办法把这些资源给到每一个人。如果我们能让大家都使用上互相连接的网络,那么想要研究制图技术的人就可以直接通过登录网络访问犹他大学的制图计算机,这样大家就没必要都有这些东西了。"

现在回看，这就是美国高级研究计划局搭建被我们叫作阿帕网的网络的动力，其后演变成为互联网。它这样做，并不是为了保护美国免受苏联的核攻击。

访谈者：那您认为军方有没有参与互联网的发展，以及它对互联网有没有影响？

伦纳德·克兰罗克：应该这么说，如果你作为一个首席调查员来问我，我的回答是，作为自下而上开发互联网技术的研究员，对于我们是不是在网络研究中受到了来自军事应用的压力这一问题，我们的答案绝对是否定的。我们把研究者、工程师、软件开发员、通信链路和交换机以及所有其他一些东西集中在一起，完全没有考虑军事应用。我们完全没有被影响或被施压。我们知道阿帕网技术有军事应用，但那不是驱动因素或者研究目标。我也相信事实就是如此，就像我之前告诉你的，网络研究的目标是让研究员可以接触到其他地方的技术，可以获得它们的资源，并没有军事因素掺杂其中。但是，把视野放得更广阔一些的话，我们可以看到，项目资金来源于美国国防部。在这之中还有很多层级，有学生、教授、首席调查员，美国高级研究计划局的项目经理会和首席调查员沟通，信息处理技术办公室的主任会和项目经理们沟通，上面还有美国高级研究计划局的局长和美国政府。但是作为最前沿的研究者，我们完全不知道这些利害关系，而且没有自上而下的压力，所以这些对我们没有影响。

但是，1969 年曼斯菲尔德修正案（Mansfield Amendment）出台，那时很多研究已经完成。该修正案要求美国高级研究计划局的所有研究都需要与某种形式的军事应用相关。自那以后一些研究的提案才开始把军事应用纳入考虑范围，比如说，那时涌现出很多有关无线通信和多阶通信技术的优秀研究，还有比战场更好地应用这些技术的场景吗？当然，这些技术也会用于民用应急准备和灾区。但阿帕网技术的确是一个很好的技术，并被引入用于蜂窝等的无线通信领域的研究。所以，从这一点上来看，我们的确会意识到一些研究是有军事用途的。事实上，你看墙上有一个表，上面是我之前做过的一个研究项目，你会发现坦克、直升机和军舰等都包含其中。但那是很久以后的事了。这些军事因素深入到研究层面是曼斯菲尔德修正案的要求，但是其起源是对这样的技术开展早期的科学研究。

访谈者：最早的线路速度怎么样？你们提前模拟什么联网成功的仪式没有？

伦纳德·克兰罗克：第一条互联网主干网，以每秒 5 万比特的惊人速度运行，用今天的标准去看这个速度不过是涓涓细流，但是在当时，这个速度很快。连接后，我们决定在 10 月底从第一台机器向网络上的另一台机器发送信息，完全按照设计的方法来使用网络，也就是，通过网络登录到远程机器并远程使用它的资源。我们并没有提前设计任何优美的、用于发送的第一条信息。在很多其他伟大的通信活动中，先驱者都设计、准备了很好的字句，比如贝尔通过电话说："过来，华生，我需要你。"塞缪尔・莫尔斯（Samuel Morse）通过电报说："上帝创造了何等奇迹！"阿姆斯特朗踏上月球说："我的一小步，人类的一大步。"这些先驱都很聪明，他们了解公关和媒体。我们没有这样伟大的、提前设计好的信息，但我们想出了最简洁有力、最有预见性的信息——"LO"，这完全是在当天晚上 10 点 30 分偶然想到的，就是 1969 年 10 月 29 日。可是当时我们没有相机，也没有录音机，只在当时的工作日志上记了一笔。

我擅自将"LO"扩展成"Lo and behold"，意思是看看这里有什么是你会用到的所有东西。我们延伸了它的含义，这样更容易记，然而大多数人并不知道。但随着沃纳・赫尔佐格（Werner Herzog）的纪录片的播出，这个含义正在广泛传播。比如你们要是现在问下外面走廊里经过的人，没有人知道互联网发出的第一条消息是什么。他们甚至不会问，也从未想过要问这个问题。但是大多数人知道阿姆斯特朗的那句名言，甚至知道贝尔的那句名言，这是为什么呢？因为大家在学校里就学过。

所以你看这是一个有趣的对比，有一种解释是说，今天的孩子是和互联网一起长大的，互联网之于他们就像是氧气一样的存在，如果你问氧气是什么时候开始有的，人们会觉得这是个愚蠢的问题——氧气是理所当然存在的嘛！

访谈者：网络连接成功以后，有什么对您触动特别大的事情吗？

伦纳德·克兰罗克：有件事给我的触动特别大，就是我母亲在世时也用上了互联网，当时她已经 99 岁高龄了。与此同时，我的孙子和孙女也在使用互联网。这让我意识到我之前完完全全忽略的一点，那就是计算机和网络的发展，不是计算机与计算机之间的交谈，也不是人和计算机之间的交谈，而是人和人之间的交谈，并形成团体。我们最开始发现这个趋势是在 3 年以后的 1972 年，那时电子邮件出现了。我觉得很有意思。在我最初的设想中，互联网仍然缺少的，到现在还没有达成的，是我认为的"隐形"。

1969 年 7 月 15 日,加州大学洛杉矶分校的校报上有人发表文章说,加州大学洛杉矶分校将会成为网络的第一个节点。校报记者汤姆·根达特采访我,让我预测未来计算机的发展,我现在还记得当时我是这么说的,"目前计算机网络仍处于'婴儿期',但是随着它的发展和成熟,我们可能会看到'计算机工具'(现在被称为基于网络的服务器)的扩散,它会像现代社会的电和电话设备那样普及,会无处不在、易于使用,像电一样不可见"。人们用电的时候,肉眼看不到电的存在,把插头插到插座里,就有电了,为全国各地的家庭和办公室提供服务(也就是说,你可以从任何地方获得电力)。

访谈者:您认为哪里才是最本源的互联网诞生地?

伦纳德·克兰罗克:要想界定互联网的诞生地,首先要界定什么是互联网。互联网最初的设计是让人们能够通过数据网络远程访问计算机。早期我们称之为阿帕网,现在它被称作互联网。它能够帮助人们通过联网使用另一位置的计算机的资源。所以在我的定义里,互联网的诞生地就是第一次网络连接成功的时候所在的地方。第一次网络连接成功也就是有人在一台终端机前,用这一台机器通过网络登录到另一台机器上,而且另一台机器可以为他提供服务。这个场景第一次发生的时候是在加州大学洛杉矶分校。1969 年 10 月 29 日晚上 10 点半，就是我们将加州大学洛杉矶分校的主计算机连接到位于硅谷以北 3.5 英里①时处的斯坦福研究所的主计算机上的时间点。

访谈者：一开始叫阿帕网，后来是怎么称为互联网的？

伦纳德·克兰罗克：阿帕网是网络系统的初始名称。当它开始使用 TCP/IP②时，人们才开始使用互联网这个单词。它使用了不同的协议。最初的 NCP③能够允许多个网络协同工作，但是它较为迟缓，TCP 则更流畅、更优雅。于是，互联网这个词就出现了。

但是互联网这个名字的出现，并没有一个决定性的时刻。这就像问，自动变速器的发明是否标志着汽车的发

---

① 1 英里约合 1.6 千米。——编者注

② TCP/IP，全称为 Transmission Control Protocol / Internet Protocol，即传输控制协议 / 互联网络协议，是互联网最基本的协议，由网络层的 IP 和传输层的 TCP 组成。TCP/IP 定义了电子设备如何连入互联网，以及数据如何在它们之间传输的标准。

③ NCP，全称为 Network Control Protocol，即网络控制协议，它管理对 NetWare 服务器资源的访问。NCP 向 NetWare 文件共享协议发送过程调用消息，处理 NetWare 文件和打印资源请求。NCP 是用于 NetWare 服务器和客户机之间传输信息的主要协议。

明？答案肯定是否定的，它的确是一个重大的进步，加速
了汽车产业的发展，但汽车的发明是一个持续的过程。从
阿帕网到互联网也是这样一个不断进化的过程。

访谈者：您是一开始就聚焦在计算机联网方面吗？是怎
么注意到这个问题或者需要的呢？

伦纳德·克兰罗克：这有个过程。1959 年我在麻省理
工学院拿到我的硕士学位。我当时真的是不想再攻读博士
学位了。那时候我已经拿到了硕士学位，也获得了一份麻
省理工学院的非常好的研究工作，准备开始上班。我的论
文导师跟我说："你必须拿到博士学位。"我说："如果我要
继续读下去的话，有两个条件。首先，我想要为麻省理工
学院最好的教授工作；其次，我想做一些有影响力的事情，
而不是什么微不足道的小事。"然后，我在麻省理工学院和
林肯实验室转了一圈，发现我被计算机包围了，但是它们
之间却无法交流。

我知道它们迟早是能够建立起连接的，但是当时缺
少数据通信网络技术。虽然那时候已经有很好的电话网
络，但是它的技术无法支撑起计算机的通信量。

人们通过电话网络用声音连接彼此，但在通话的过程
中，整条线路都被占用以服务我们的对话。如果我暂停，

这条线路就被浪费了。对于语音沟通来说，这并不是什么问题，但是对于数据传输来说则成本太高。我们不能通过从源头到目的地的专用连接来浪费通信容量。所以，我们需要更有效的新技术。就是在那个时候，我开始研究什么样的网络能够支持数据，在此基础上，我为互联网的分组交换网络创建了一个数学理论。你可以看到我得出的一些结论，包括网络性能的关键等式，它给出了平均响应时间点的精确表达，即通过网络获取信息的时间，还有优化分配网络容量的方法，以及通过优化分配获得的性能类型。这背后有一套完整的数学理论，我发明了这个理论，后来我投入大量时间和精力，在 1962 年把这些理论结集并出版了一本书，就是《列队系统》(*Queueing Systems*)，但当时没人认识到它的价值。

我去了 AT&T[①]，跟他们说："你们应该开发一个数据网络来支持数据传输。"他们表示这玩意儿没用，"即使真的有用，也跟我们一点关系都没有"。AT&T 的人之所以这么傲

---

① AT&T，全名为 American Telephone & Telegraph，即美国电话电报公司，是一家美国电信公司，成立于 1877 年，曾长期垄断美国长途和本地电话市场。

慢，是因为他们公司已有的通话语音网络收益巨大，也没有要传送数据的功能需求。当时还没有计算机网络出现，电脑还是彼此独立的个体，他们也看不到未来的趋势，所以才会愚蠢地说："我们不想和这个有任何关系。"

以前我们常参加一些大型会议，参与者有上万人。其中有研究电话的，有研究计算机的，两帮人就相互争论，我们这帮研究计算机的会说："你们研究电话的，给我们建立一个数据网吧。"他们那帮研究电话的就会否定我们："你们说什么？建什么数据网啊，我们的电话网四通八达，而且美国是一个铜矿大国，搭建电话线路所需要的铜到处都是，用我们的电话网就行了。"我们就跟他们算细致的账："不不不，你们还不明白，现在打一个电话，比如只打了25秒钟，却按 3 分钟起步价来收取费用。我们发送数据只需要几分之一秒。"他们还是不以为然，对我们嗤之以鼻："小家伙们，一边玩儿去。"这些人没有想到的是，我们真到一边"玩儿去"了，经过十几年磨砺建起来的互联网，基本上把原来 AT&T 的市场份额给占了。后来在 1983 年的时候，AT&T 推出了它的第一个分组交换网络，但那已经是距离我们开发阿帕网遥远的 14 年之后了。

访谈者：阿帕网第一次公开亮相是什么时候？

伦纳德·克兰罗克：是在 1972 年 10 月，在华盛顿举办的国际计算机通信会议上。当时鲍勃·卡恩[1]提出了去参会并向公众展示阿帕网的主意。为什么呢？事实是我们早在 1969 年 9 月就建立好了阿帕网，但直到一年后才有了主机协议，所以最初阿帕网的数据流其实很小。甚至当我们有了主机协议之后，用阿帕网的人也不多。而且当时主流文化中很有意思的意见是，整个产业链并不想让我们建这个网络。AT&T 的人直接跟我们说那东西不好使，就算好使，他们也不想拿它做什么。他们把我们踢了出去，把保罗·巴兰[2]也踢了出去，这打击了保罗早期从事有关数据网络工作的积极性。

而且，不仅是民众，很多业界的人也都不知道阿帕网，所以我们决定宣传一下阿帕网。1972 年 10 月，国际计算机

---

① 鲍勃·卡恩（Bob Kahn），1938 年 12 月出生，美国计算机科学家。本名为罗伯特·卡恩（Robert E. Kahn），鲍勃·卡恩是他的别称。他发明了 TCP，并与温顿·瑟夫一起发明了 IP。这两个协议成为全世界互联网传输资料所用的最重要的技术。他是公认的"互联网之父"之一，2012 年入选国际互联网名人堂。

② 保罗·巴兰（Paul Baran），1926 年 4 月出生，美国计算机科学家，通过发明分组交换技术推动计算机网络发展，并帮助奠定了第一代计算机网络阿帕网的底层技术理论基础。于 2011 年 3 月 31 日逝世。

通信会议在华盛顿希尔顿酒店召开，我们决定在那里展示。我们把一个 IMP 带到了那家酒店。当时华盛顿一个 IMP 都没有。我们做了一本小册子，招揽人们说："来我们这儿看一看吧，这个东西叫作阿帕网。"然后给他们展示了这个网络是如何在后台运行的。

很幸运的是，阿帕网在会议展示期间运行得很好，这次展示取得了巨大的成功。这是阿帕网的首次公开展示。

访谈者：我们了解到，在 1976 的夏天，您和您的妻子一起成立了一家公司，然后主办了一个叫作"计算机网络"的研讨会。当时有什么有趣的故事吗？当时的财务状况如何？

伦纳德 · 克兰罗克：哈哈，这么提问，看得出来你真是做足了功课。

到 1976 年，我的一本书得以出版，该书包含了对阿帕网及其参数和性能的描述，还包含了其后的所有数学理论和分组交换理论。1976 年，阿帕网在业界，甚至在学术界中都还不是很出名。所以我决定推广这个信息，并举办一场研讨会。有什么办法能让阿帕网这个词更快地进入人们的视野呢？于是我和我的妻子成立了一家名为技术转让研究所（Technology Transfer Institute）的公司。

我妻子当时是加州大学洛杉矶分校的研究生。她当了很多年的老师，然后通过进修，成了一名专业的心理医生。非常聪明，是我的合作伙伴，也是个了不起的伴侣。我是说，你要是我，也会想娶她。她真的特别优秀。哈哈哈！

我们决定做一个关于计算机网络的研讨会。所以，我们成立了这家叫技术转让研究所的公司，因为我想把技术拿出来转让，想把知识传播出去。我们给公司做了一个小的宣传册，这个小册子里面包含了这本书的图片、会议议程以及其他相关信息，比如如何报名等。之后，我们把这些小册子邮寄了出去。这样，我们就成立了一个小公司，征用了我妻子在屋后面的一间小办公室，还有里面的电动打字机。当时我们的投资预算总共只有 1 万美元，其中大部分都用在了邮费上。在那个年代，一切都是用信件邮寄完成的。

我们决定在 1976 年的夏天举办研讨会，因为那年夏天我不需要教书。接着就是办会。就像现在的"路演"一样，一站一站的，我们也准备了 3 站，第一站是得克萨斯州的达拉斯，第二站是华盛顿的基桥万豪酒店，第三站就在家门口，在洛杉矶。

我们会给与会者《列队系统》这本书，以及所有的幻灯片和一些论文，都是打印出来纸质的。之后我们开始

接受报名，当时的会议我们是收费的，报名费设定为每位
495 美元，一共 3 天的会议，这在当时可是一笔巨款。

报名去达拉斯的有 14 个人，但是他们交的钱不够支付
我和我妻子一起去那儿的费用，包括食宿费、材料费和路
费等。所以我妻子留在了家里，我自己带了两个大箱子，里
面都是书、笔记、会议材料以及一套西装，去了达拉斯。我
还在那儿租了一个投影仪和屏幕，支了一张桌子用来登记，
所有人登记完后，我走上台，介绍发言人，然后开始演讲。

达拉斯的研讨会开得非常成功，我热爱教学，那是一
个非常好的小组。所以报名参加华盛顿那场会议的人数增
加到了 60 人，这真是一个巨大的成功。我就和我爱人带着
跟之前一样的材料，一起飞到了华盛顿。我们给每个人都
准备了名牌。在会议开始前，我们搭起了一张大登记桌，
我们还是新手，要登记，要准备名牌，还有其他杂七杂八
的事。因此，大家都排队来登记了，我们还没有完全准备
好。本来准备早上 8 点开始签到，但 8 点之前就有不少人
了。我们不想让人看出来这是一个家庭作坊弄出来的会议，
所以我妻子在写她名字的时候不会连名带姓地写史黛拉·克
兰罗克，只写史黛拉。

但猝不及防的是，当我们正挨个为参会者准备记事本、
笔等开会材料而忙成一团的时候，一个与会者走到我爱人

面前，说："你是这本书里'献给史黛拉'的那个史黛拉吗?"这一下子就暴露了! 哈哈!

访谈者：真是太有趣了。后来您还参与了 1988 年推动高性能计算机发展的工作?

伦纳德·克兰罗克：是的。作为一名教授，我参与了许多委员会和工作组，其中之一是美国国家科学院①的执行机构——美国国家研究理事会。这个理事会为美国工程院提供支持，把专家集中起来为政府工作。

专家们创建了一个名为计算机科学和电信的委员会（Computer Science and Telecommunications Board，缩写为CSTB），我是第一批委员会成员，我们研究各种与政府利益相关的问题以及网络技术、计算、处理等。我们有一个非常优秀的委员会，会研究问题，写报告。

委员会写出来的第一个报告，是由我主持的。我们在 1988 年发表了一份报告叫作《迈向国家研究网络》

---

① 美国国家科学院（National Academy of Sciences，缩写为 NAS），成立于 1863 年，是由美国著名科学家组成的科学组织，其成员在任期内无偿地作为"全国科学、工程和医药的顾问"，是美国科学界荣誉性自治组织，也是政府咨询机构。

（ Towards a National Research Network ）。这个报告非常成功，因为 1988 年是互联网技术发展的关键时期，报告得到了广泛认可，帮助互联网被更多的人大规模地了解和认识到。有以下 3 个原因促成了这种传播：

其一，美国国家科学基金会①成立的时候，他们扩大了一贯资助的范围，纳入了生物学家、物理学家、海洋学家等来自不同领域的研究人员。大家都对互联网感兴趣，都想尝试使用它。然后不只在研究界，商业机构突然间也想使用互联网。从这时候起，一些公司开始对互联网产生浓厚的兴趣。

其二，高速骨干网络技术的出现。在美国国家科学基金会刚成立的时候，我们用的是每秒 1.5 兆比特的线，但随后网速增加到每秒 45 兆比特甚至更快。所以这时候事情开始变得有趣了。但是互联网还少了什么吗？人们想要它，但是性能就在那里，缺少的是一个好的界面，一个舒适的界面。20 世纪 90 年代互联网发生了什么转变？那就是出

① 美国国家科学基金会（National Science Foundation，缩写为 NSF），美国独立的联邦机构，成立于 1950 年。其任务是通过对基础研究计划的资助，改进科学教育，发展科学信息和增进国际科学合作等办法促进美国科学的发展。

现了简单、易操作的图形用户网络界面。这段时期非常重要。回忆 1988 年我主持撰写的报告《迈向国家研究网络》，这份报告在政府内部发行。它主要说的是如何为研究界和教育界建立高速网络。当时还是国会议员的阿尔·戈尔①看到了这份报告。阿尔·戈尔是当时华盛顿最坚定的互联网支持者之一，他学识渊博，大力支持我们，帮助我们获得了很多资金。他看到了这份报告，非常喜欢，因此成立了一个参议院附属委员会。他让我把这份报告上交给参议院附属委员会，随后这份报告得到了广泛推广。不久之后，他成为副总统，辅佐老布什总统。他还说服乔治·布什在 1991 年颁布《高性能计算与通信法案》（又称戈尔法案），将该法案作为其总统任期内颁布的最后一项法案。

这项法案起到了什么作用呢？它将政府、学术界和工业界联合起来，共同资助和部署每秒千兆比特速度的骨干

---

① 阿尔·戈尔，艾伯特·戈尔（Albert Arnold Gore Jr.）的别称，1948年 3 月 31 日出生于华盛顿，1969 年毕业于哈佛大学。美国政治家，1993 年至 2001 年担任美国第 45 届副总统。曾经提出著名的"信息高速公路"和"数字地球"概念，引发了一场技术革命。由于在全球气候变化与环境问题上的贡献受到国际的肯定，戈尔获得了2007 年度诺贝尔和平奖。

网络。这是非常重要的一步，算是高速网络的第二步。下一步虽然不是法案的内容，但也依附于此。网站一出现，突然间就进入了消费者的世界，普通公民都能接触到这个叫作互联网的神奇事物。所以这项特殊法案十分重要。阿尔·戈尔负责了这一切，而他会对互联网感兴趣的原因之一就是看了我在 1988 年做的这份报告。

1994 年，我为计算机科学与电信委员会做的第二份报告叫《实现信息未来：互联网及其他》(Realizing the Information Future : The Internet and Beyond)，我那时担任委员会主席。有趣的是，在我担任主席的两个委员会中都有鲍勃·卡恩。鲍勃·卡恩也是这个委员会的成员。后来，鲍勃·卡恩成立了一家协会，叫美国国家研究创新机构 ①。我们在这家公司内部成立了一个跨行业的工作小组，叫 XIWT。当我们进行更多研究时，计算机科学与电信委员会的一些人加入了该团队。

① 美国国家研究创新机构（Corporation for National Research Initiatives，缩写为 CNRI），1986 年由鲍勃·卡恩创立，是一家为美国信息基础设施研究和发展提供指导和资金支持的非营利性组织，同时也执行国际互联网工程任务组（IETF）的秘书处职能。

正是这份工作使我对游牧计算网络①产生了兴趣，因为那是我们做的一份报告，一切都紧密相连。你问到关于布什法案的那份报告，那是一份非常重要的报告，它在美国真正可以部署网络的阶段起到了推动作用，加速了互联网的发展，这一成效可以在20世纪90年代初看到。然后是网络时代的到来，我们都知道20世纪90年代末互联网泡沫时期的事，那就是商业界加入和利润动机出现的时候。

访谈者：有人说互联网的根在美国，而且是处于政府的控制之下，政府想停掉服务器就可以停掉。关于这一观点，您怎么看？

伦纳德·克兰罗克：在我看来，停掉互联网是非常困难的。即便你可以中止其中一部分，甚至一整条线路，但剩下的碎片还是会继续工作，你可以在互联网上到处捣乱，但一切都是可控的。

---

① 游牧计算网络，即移动计算网络（Mobile Computing Network，缩写为 MCN），是指主机或局域网可在网中漫游的计算机网络，它支持包括通话、寻呼、高速数据、视像在内的多媒体业务，是实现个人通信的途径之一。

访谈者：互联网发展到现在，您认为有哪些特别需要人们警醒的地方？

伦纳德 · 克兰罗克：互联网自主发展了 20 多年后，1988 年，罗伯特 · 莫里斯①写出了第一个蠕虫病毒，我们没有在意；但是 1994 年，坎特和西格尔发出了第一封基础广泛的垃圾邮件，这是件大事。转眼间人们开始在互联网上做广告，互联网中出现了垃圾邮件、广告和其他各种令人讨厌的东西。多年来，黑客和冒险家一直是一个问题——他们在互联网上做有害的事情。我想说，他们的表现就像青少年一样——不听话，行为不端，还带着孩子气。你会希望他们成熟以后，能表现得好一些。

但在过去的几年里，我们发现了一些更为严重的问题，这些问题来源于国家和组织犯罪。现在这已经不仅仅是个麻烦了，而是在很大程度上变成了经济、政治以及国家安

---

① 罗伯特 · 莫里斯（Robert Morris），"莫里斯蠕虫"病毒的制作者，他发布了史上首个通过互联网传播的蠕虫病毒。1988 年 11 月 2 日，还在康奈尔大学读研究生的莫里斯制作了"莫里斯蠕虫"，这一病毒对当时的互联网几乎构成了一次毁灭性攻击——约有 6000 台计算机遭到破坏，造成 1500 万美元的损失。正因为如此，他成为首位依据 1986 年《计算机欺诈和滥用法》被起诉的人。

全层面的危机。人们的保护意识越来越强，不仅是国家，还有企业，大家都开始在网络外围设置防护墙。

我担心互联网正变得巴尔干化。巴尔干半岛上有一群小国家，它们分裂成小团体，小团体后来变成了分裂的国家。它们不断地分裂再分裂，直到有了自己的主权领地才罢休。如果互联网变得巴尔干化，人们将失去互联网的力量。我们将无法接触外界，无法分享、发现新事物以及互相合作。因此，假如某个国家在互联网上筑起一道防护墙，那么美国、欧盟国家、俄罗斯也都如此，然后很多其他国家也都这样做，我们会得到什么？如果互联网最开始由 IBM 接管，现在会发生什么？它应该会成为 IBM 控制的独立网络，世界还会兴起各种私有网络。我认为这是一个必输局，同时也是大众的悲哀，所以我希望各个国家都不要这么做。

我很担心发生这种情况，因为这样互联网就会失去其本质。现在可以看到，每一个机构或政府都为了自己的目的而抓住了这样做的好处。正确的办法应该是去设置足够的安全控制，这样的话既可以保护网络隐私，也能够保证网络畅通。

有一个解决办法很有前景，但现在还没有完全做好，是一种叫作同态加密的东西，你可以在没有解密的情况下获取数据并对其进行处理。现在假设我有了你读不到的数据，并且有人想要搜索这个数据，搜索没问题，但是只会显示出结果，读不到全部数据，看不到这个数据到底是什么，程序也是可以被加密的。所以，如果你把加密文件保存在永远不会公开出现的地方，那么它就是安全的。

然而，如果在互联网上，内部安全。但是当互联网出现在某个边缘设备上时，我就不会受到阻碍，可以读取这个数据。所以说，也许这就是最脆弱的地方。现在想想看，谷歌是如何搜索一个企业网络的？谷歌可以搜索公开数据，但不能搜索加密数据。所以，搜索出来的是公开的、可以被窃取的结果。但是使用同态加密，我们就可以在数据不公开的情况下，进行搜索。所以我希望这可以成为一种解决办法，但问题是目前技术尚未发展成熟。就计算工作量而言，这项技术成本很高。

访谈者：您担心互联网的黑暗面吗？制造暗网的人越来越充满恶意，越来越邪恶。我们能做些什么来终止它呢？

伦纳德·克兰罗克：这是一个很难的问题，因为互联网的复杂性远不止这一个暗网。互联网有一个所谓的蝴蝶结构。"蝴蝶结"的核心部分，网站彼此连接，用户可以自由访问;"蝴蝶结"一侧的用户可以访问核心区域的网站,但是核心区域的用户无法访问该部分网站;"蝴蝶结"另一侧的网站可以被核心区域访问,但是无法访问核心区域;还有一部分是"无连接"网站部分,用户可以访问两侧的网站,但核心区域的用户不能访问,"无连接"网站也不能访问核心区域。其中一部分就是暗网,你可以访问,但它是受保护的,访问后你很难再回来。如果你不知道你在做什么,你不会想进入这部分。有很多事情在此处发生,比如很多的匿名行为。洋葱路由器匿名性是最重要的。你无法有效地阻止人们制造邪恶。而暗网是其中之一,那里有很多使用暗网的专家,黑客们非常聪明,总是领先一步。你只知道他们做了这些事情,但是不知道他们是什么时候做的。所以,这是一种非常艰难的状况。这就是为什么我们要保护核心互联网本身,正如我所说的,要控制暗网并不容易。

访谈者:您认为什么是互联网精神?自由?开放?

伦纳德·克兰罗克:这是理想化的互联网精神,也是可实现的一种精神。我曾对阿帕网提出这样的希望,早期阿帕网的文化是合乎道德、开放、共享、自由、创新。

基本上,这是一个高效的信誉系统。比如,如果你使用点评系统，你就会了解到有人说这家餐厅很差劲，还有很多人却说这家餐厅很不错。那么给出差评的人信誉怎么样？他们是什么都抱怨的人吗？他们是说谎精吗？是这家餐厅的竞争对手吗？所以说信誉不仅仅是别人说了什么，还要看是谁在说。

现在我们正在努力打造一个系统。这个系统会将人们对互联网的普遍理解，比如宣传、信誉一类的事情考虑在内。比如有个人信誉很好，然后这个人说你信誉很好，那么你的信誉就会因这个人的点评而提升；如果这个人告诉我他自己的信誉很好，但是我发现事实上并非如此，那么这就有损于你的信誉。通过类似六度分隔①一类的理论，如此周转反复进行。

在互联网范畴里，没有那么多的东西是可以监察和精确计量的。我可以告诉你我认为可以监察的东西：性、名誉、网购和娱乐。把一个高质量的调研报告变成营利工具是很难的。或者说看看现在杂志业是个什么状况，简直是

---

① 六度分隔（Six Degrees of Separation），可通俗地阐述为：你和任何一个陌生人之间所间隔的人不会超过六个，也就是说，最多通过六个人，你能够认识任何一个陌生人。

每况愈下，甚至一些独立新闻报道也是如此，它们现在截然对立，彼此攻击，没有合作。这些争论、交流都不是我们这些"互联网之父"预先设想的那样。

访谈者：您心中的"互联网之父"是谁？

伦纳德·克兰罗克：我认为"互联网之父"不是单一的谁，不能具体到某一个人。广义上来说，有成千上万的人配得上这个称号。我们这些有幸在早期进入这个项目的人，每个人都在互联网的出现上发挥了重要作用，我可以说出一串人名，只将其中一个人，甚或一小部分人称作"互联网之父"都是不合理的。"互联网之父"最少有十几个人，因为互联网的诞生是很多人共同努力的成果。列举出每一个人是不合理的，但是我们可以列举一下经常被外界或者媒体称为"互联网之父"的人，比如温顿·瑟夫、鲍勃·卡恩、拉里·罗伯茨以及我。我们四个一起被称为"互联网之父"，主要原因是 2001 年我们四个人共同获得了权威性很高的美国工程院颁发的德雷珀奖，获奖原因是我们四人是互联网的主要缔造者。从此以后，我们四个就被称为"互联网之父"。

同样，那些对互联网做出巨大贡献的人，都可以被称为"互联网之父"。我还想指出的是，即使没有我们几个人的存在，互联网依然会出现，这是历史的必然规律。事实上，互联网这个概念很多年来在很多不同的情况下被人们讨论和探索。比如说，早在 1908 年，尼古拉 · 特斯拉就曾写道："一个在纽约的商人可以用一台比手表还小的设备，与他在伦敦的同事进行交流，这个设备可以立即把任何文本、照片、信息及图片发送到世界任何地方。"这种设备，听起来就是类似于互联网之类的东西，能够即时传送，经济便捷，全球通用，利用它你可以发送各种各样的东西。这句话距今已经有一百多年了，当然他谈论的是无线通信，并没有提到视频，因为那时还没有视频。

但这可以说明人们想要拥有这种能力的想法已经出现了。此外还有赫伯特 · 乔治 · 威尔斯，还有格莱德，还有万尼瓦尔 · 布什、利克里德，还有我自己，以及其他许多人。这些想法在等待着技术的进步，所以即使没有我们四个人，互联网同样会出现。不同的群体做"互联网之父"的划分时都把我列入，这是我的幸运。如果要说我们四个人的幸运的话，我想是我们恰逢良机，又掌握了正确的方法，为之努力并获得了成功。但是在我们之前，有成千上万人为此做出了贡献。

访谈者：所有的"互联网之父"都来自林肯实验室，你觉得这是巧合吗？

伦纳德·克兰罗克: 不，并不是所有人都来自林肯实验室，温顿·瑟夫就不是，他是我在美国加州大学洛杉矶分校任教时带过的一名研究生。鲍勃·卡恩和我都在纽约城市学院①获得了电气工程本科学位，令人印象深刻。拉里·罗伯茨是麻省理工学院的，他的本科、硕士、博士都是在那儿读的，我研究生是在麻省理工学院读的，卡恩在麻省理工短暂地当过教授。你说得对，很多工作都是在麻省理工学院完成的。林肯实验室是个很有意思的地方，是产生伟大想法的温床，是麻省理工学院的一部分。

访谈者: 在过去的 50 年间，你们四人之间的关系如何？

伦纳德·克兰罗克: 我们的关系一直都很好，当然在共事的时候偶尔也会有争论，互相辩论。不过总体来说很稳定，也密切。我们不光是关系很好，而且很有共同语言，

---

① 纽约城市学院（The City College of New York，缩写为 CCNY），始建于 1847 年，是纽约市立大学系统中的一所四年制学院，是纽约市立大学系统中的创始学校，也是历史最悠久的分校。

能聊到最新的技术前沿、研究这些话题，总是有话聊。

大概三年前，我还主持过一次视频采访节目。当时这些老友都是我的访谈嘉宾，就像此时你访谈我一样。拉里、鲍勃·卡恩、温顿·瑟夫、斯蒂芬·克罗克①，我给他们都各自做了两个多小时的采访，就是聊阿帕网早期的资金、研究环境等。

我们四个人共同的互动没那么多，但是我和他们三位的关系都挺好。我和鲍勃·卡恩、温顿·瑟夫都是马可尼国际奖获得者，所以我们每年会固定在年度研讨会和各种活动上相聚，穿着燕尾服，提名新的马可尼国际奖获得者。温顿经常来看我，我也常去看他。我采访他们的视频很长而且很有意思。我们正在试图总结出是什么造就了 20 世纪六七十年代那个时期，那样一个高产、创新的时期，其间出现了各种各样的技术。有哪些因素影响了那个时期？事

①　斯蒂芬·克罗克（Stephen Crocker），1944 年出生，早期互联网标准的制定者，组建了国际网络工程小组（INWG），也就是国际互联网工程任务组的前身。也是 RFC（征求修正意见书）系列备忘录的开发者，RFC 被用来记录和分享协议的开发设计。他还是互联网名称与数字地址分配机构（ICANN）董事会前主席。在 2012 年入选国际互联网名人堂。

实上很多都和美国高级研究计划局有关——美国高级研究计划局的工作人员和他们怎样资助研究人员。政府资助机构能有这样的灵活性是难能可贵的。温顿还和我一起参与了一些先进的网络体系结构建设。

鲍勃·卡恩思维缜密，他的记忆力超强，就像摄影机一样，不会忘记任何事情，包括名字、事件、技术等，而且他有很强的前瞻性，很有大局观，可以做到深入探索。我最近还和他一起探讨了一些区块链技术。

拉里和我是老相识了，我们在麻省理工学院读研究生时就认识了，拉里读博士期间研究的主要是三维图形学和如何找出隐藏的物体，当时我们都是林肯实验室研究助理员项目的成员，后来又在同一间办公室工作，可以说既是同学，又是同事。拉里超级聪明，而且做事非常细致，也更注重实际，他当时给 TX-2 计算机编写元编译程序，他研究了每条指令的每一个细节，看看每条指令会做什么，他可以怎么利用它们。这方面不是我的长处，我更感兴趣的是更理论化、更数学化的评估。拉里在读博期间研究的是三维图形以及如何处理隐藏物体，他更实际，非常专注。我研究也十分投入，但我会关心外部影响和效果。我不仅仅是专注数学的那类，还会用直觉来协助数学。拉里的直觉也很准，他非常非常聪明。

我和拉里不但在工作上协作得很好，生活中也能玩儿到一块去。我们一起做了很多有意思的项目。给你讲讲我们一起去拉斯韦加斯赌钱的故事，这一段回头如果采访拉里你也可以再问问他，哈哈！我俩很能玩儿到一起，都喜欢玩二十一点，就好像那些赌王、赌场的电影一样，我们设计的系统可以破解赌场设计的秘密，但是你可得守住这个秘密，拉斯韦加斯的赌场可不喜欢这样。

虽然二十一点的设计也是一环套一环的，但是我觉得破解它的系统还挺轻松的，不过从另一种意义上来说，这挺危险的，因为赌场说二十一点是一种运气游戏，不是技巧游戏，记牌是不允许的，如果通过记牌去赢钱，那就是作弊。赌场上的荷官知道玩家都在算，所以他们就改变游戏机制，比如增加洗牌次数，改变发牌距离，不过跟我们专业做计算的相比，他们简直是小巫见大巫，哈哈哈！

我们俩一起去拉斯韦加斯赌钱，当赌桌上的小球绕着跑道旋转的时候，因为它是遵循牛顿力学的运动规律的，所以我们就能判断小球会落入轮盘的哪一半，从而得到 2 赔 1 的概率。为了赢钱，我们做了一个小玩意儿，就是一个小的录音机，通过它录下来轮盘的声音，拿回去分析后就能帮助我们判断小球的落点，这样就能很大概率地赢钱了。我们把这个小的录音机，包在拉里的袖子里，从外表上看就像他胳膊受伤了一样。我们的方法非常灵，赢了很多钱，但是赌场的老板察觉到了，拉住拉里的胳膊问他怎么了，我们心虚，怕拉里袖子里的录音机露馅，就赶紧跑了。后来我们再去，赌场的人都认出了我们，把我们赶了出来。

还有一个好玩儿的事，就是我们一起收集硬币，专门收集 25 美分面值的那种，不是搞收藏，而是为了熔化它们。熔化以后的金属液体的价值比 25 美分还多，我们收集了很多，都拿去熔化了。

拉里后来创业开公司，我也曾经参与过，投资过，不过我俩的思路不一样。拉里的直觉非常敏锐，而且制图技术超一流，他想让一些大型网络公司使用新的芯片技术和新的构架技术，他的图表制作非常有名。他会用图表记录所有的事情，并可以让其显示出一个非常重要的趋势。他太神奇了，直觉很厉害。他能揭露各种隐藏行为，是他发现了通信成本的下降比交换成本的下降要慢。当交换成本降到通信成本以下时，分组交换就应该发生了。因为当交换机的成本低于它所控制的线路的成本时，你就应该加入一些更复杂的东西，比如分组交换。他发现了这种经济交叉的发生时间。所以，他会发现这些趋势。不过，我不确定我是不是回答了你的问题。

说起来我还想到一件拉里捉弄我的事，这件事简直让我记忆犹新。那时我们都还在林肯实验室工作，有段时间我疲累极了，因为我一周里面有 4 天要在午夜到第二天早上 7 点这段别人不用计算机的时段，用机器测试我的程序。那段时间我简直困死了，特别缺觉，但是这一段时间计算机能为你一人所全权使用，机会难得，我就撑着干。测试机器和程序，就得了解机器的每一个反应，每一种声音，而且机器那么昂贵，我得对它负责，所以我精神上也高度紧张。有一天晚上，我听到了一种从未听过的声音，就特别担心，要是机器坏了我麻烦就大了。我提心吊胆，逐个排查，后来看到机器后面有个寄存器不见了，是个空槽，我就顺着那个孔往里面看，结果看到一双眼睛！是拉里躲在机器背后作怪，弄出怪声吓唬我。当时吓得我真想杀了他！

他很喜欢捉弄人，我没记错的话，他还曾经在他女朋友的房间里装了一个话筒，这样就可以隔空跟人说话，但是他女朋友不知道声音是从哪里发出来的。这就是拉里，看着挺严肃，实际上很喜欢恶作剧。

现在我们挺长时间没一起出去玩了，我知道他现在健康状况不大好，要吃挺多维生素。我也知道他又开了家新公司，关于他那个公司的技术方面我也了解一些。但也仅此而已。

访谈者：您对拉里的公司有什么看法呢？觉得他更适合经营公司还是更适合做学者？

伦纳德·克兰罗克：拉里开过很多家公司，他一直在尽力推广一项出色的新的网络技术，他的确是个超一流的工程师，创意每每都令人感到很惊艳。只是在公司运营上有问题，他总是没办法组建起合适的领导层、管理团队和执行团队。好的创意更需要有良好的战略、理念、计划和管理。掣肘拉里的是他没有能力去凝聚一个有影响力的团队。那么即使你有再好的创意，想挤走市场上已经有一定份额的竞争者也很难。这样的公司我能列出来十多个，它们都有非常好的创意，但是那些创意在以管理运营、经商策略和金融系统见长的公司里实施反而会成功。

而且，拉里在他的公司里身兼数职，这也正是我所担心的。我自己曾经开过一些公司，有些成功了，也有些没有，还有一些状况还算不错。所以我能明白去做这些工作有多不容易，拉里是位优秀的首席技术官，但开公司得有一个正确的管理方法，你得学会放手，而这很难。

当然这种现象并不只发生在拉里身上，很多公司的创始人都是有着绝妙创意的工程师，但在公司运转起来后，这些工程师作为创始人不会让位于执行总裁，然后公司就倒闭了。他们不让位是因为作为公司根本的那些绝妙的想法和创意包含了他们太多的心血，已经像他们的孩子一样了。拉里并不是个例，这种情况屡见不鲜。

访谈者：关于拉里和鲍勃 · 泰勒有一些争论，你认为他们之间的关系有什么改变吗？

伦纳德 · 克兰罗克：他们之间的关系确实有所改变。你知道的，鲍勃已经不在了。他们本来关系很好，但是因为谁是"互联网之父"这件事的一些问题，他们的关系变了。

鲍勃 · 泰勒因为自己不被当作关键人物而耿耿于怀，一些媒体在采访典型人物代表时也没有采访他。我认为他那个时候就是想多争取一些荣誉，那也是他应得的。他是那个决定我们应该搭建一个网络的人。但是，在他提出之前种子就已经播下。关于谁在建设过程中起了什么作用以及因此要获得多少荣誉，每个人的情况都略有不同。拉里作为阿帕网的运营者，理应得到很多荣誉，这是理所当然的。他是管理全部事务的人，提供了技术想法和方向，还找到了很多资金，他付出的远比他应该做的多，所以他真的应该得到很多荣誉。他很聪明，招来了很多研究人员，还为 ALOHA 无线网络①做了很细节的技术工作。他不仅仅是一个创始人，他还到每一个人的实验室和大家谈话。所以，他确实值得称赞。但鲍勃·泰勒也值得表扬。我认为他们之间这种关系的紧张感，是从荣誉认定开始的。

泰勒有点咄咄逼人，我认为他后来的所作所为几乎令人无法忍受。顺便说一句，鲍勃·泰勒离开阿帕网创办了施乐帕克研究中心②，这是非常漂亮的实验室。我相信艾伦·凯肯定也说过。所以泰勒是个强大的人，他在施乐帕克研究中心获得了更多的荣誉。我想他也确实得到了，这是他全身心投入而应得的荣誉。所以我要向鲍勃致敬，

① ALOHA 无线网络（ALOHA Network），是世界上最早的无线电计算机通信网，也是最早最基本的无线数据通信协议。它是 1968 年美国夏威夷大学的一项研究计划的名字，目的是要解决夏威夷群岛之间的通信问题。ALOHA 无线网络可以使分散在各岛的多个用户通过无线电信道来使用中心计算机，从而实现一点到多点的数据通信。
② 施乐帕克研究中心（Xerox Palo Alto Research Center，缩写为 Xerox PARC），是施乐公司 1970 年所成立的最重要的研究机构，位于加利福尼亚州的帕洛阿托市（Palo Alto）。施乐帕克研究中心是许多现代计算机技术的诞生地，研发成果包括个人电脑、激光打印机、鼠标、以太网等。

他真的是一个非常聪明的人，一个非常好的经理。

访谈者：除了他们三位，还有谁让您印象深刻？

伦纳德 · 克兰罗克：有个人不知道你听说过没有，就是伊万 · 萨瑟兰，他是我们的同班同学。我们一个班的人都是聪明的人，他可能又是我们当中最聪明的。不过天才往往就像个孩子，我还得教他礼貌。伊万打电话给我，上来就直接问问题。我说请你等下，要先打个招呼。他直来直往、严肃认真、非常聪明。麻省理工学院充满了怪人，这也是它的魅力之一，你会遇到一些真正的天才，每个人还又都不一样，你会爱上他们所有人。

访谈者：拉里曾经说过，如果互联网没有你们四个人，可能至少会推迟五年才被发明。您同意这个说法吗？

伦纳德 · 克兰罗克：拉里的这段话有两个层面的意思。首先，如果我们这些人没有出现，那么互联网还会出现吗？答案是肯定的。因为时代的发展已经具备了出现互联网的条件，它必然会出现，但是如果没有拉里、我、温顿和鲍勃以及其他一些人，它什么时候会出现就不得而知。不清楚的原因是不明白为什么阿帕网当初会被搭建起来，它被建来并不是因为我们说应该建一个。

我之前已经出版了一本书，阐述了网络应该如何工作的数学理论。这是我的论文，以书的形式发表，在 1964 年出版的。我当时很想看到这些想法付诸实践，但没有人在乎。直到 1966 年，美国高级研究计划局的人想要一个网络，并不是说因为他们知道了这个，也不是因为拉里或者其他人在，而是因为他们需要以经济有效的方式将研究人员联系在一起，就是 Airbnb 之类的东西。他们要共享资源。所以，我猜他们那个时候是在四处寻找可以给他们建造网络的人。可能不会很成功，可能不会是现在这个网络的进化途径。危险在于，它可能由一个单一公司如 IBM 或者 DEC 来建造，如果是由他们建造，互联网就会成为公司专有网络。就不会有现在网络的开放、共享、有机增长等这些特质了。

因此，可以说网络可能会推迟几年出现，而且可能会是一个不同类型的网络，因为它也许没有现在这么灵活、开放、共享、互相信任、有道德感，但它确实会出现。

我们也没申请什么专利，没有人拥有知识产权，没有人试着从中赚钱。我们当时只是想解决一个工程学难题而已。把这个网络建起来，看着它投入使用，这就让我们感到无比满足。如果人们能用我开发的一个软件或者硬件去解决问题，那就是最棒的。这个非常有趣，因为如果是一个公司来推动这一切的发展，它肯定会很早就考虑赢利问题，网络会被扭曲，会与我们现在的网络完全不同。从这个意义上来说，拉里是对的。但是从更大的范围说的话，这样的事情很可能会发生。

事实上，从互联网诞生开始，接下来的 20 年它都没有受到经济利益的驱使，没有人想着去利用它赚钱。直到 20 世纪 90 年代，才开始有商业公司介入这一领域，部署盈利体系。我们曾有整整 20 年的时间去主导互联网，去建设它、优化它、设计它、雕琢它。这种经历是非常美好的，也是无可复制的。

互联网是从零建立起来的，我们用不着考虑要留给后世什么东西，也不必让它与任何东西兼容，我们就按照自己的设想和探索，去建设好它，这可以说是一个无与伦比的幸运。而如果在那二三十年间，有大量资金涌入，企业纷纷介入的话，它就不会有今天所拥有的特色和独属于它的美。

谈到这里，我想顺带谈一下另一个对比非常明显的科技，就是区块链。所谓的区块链技术原本有着巨大的发展潜力，本来应该和互联网一样发展成一个新的科技，但是它没有互联网那样纯粹的初心，而是被资本充分利用，带着铜臭味，充满了营利性，并因为利益而改变研究的发展方向，甚至可以说因此而腐朽了。

就在不久之前，在思考这些对比和不同时，我才突然意识到，早期互联网——就是阿帕网时期的发展，正是因为没有唯利是图的商业公司的介入，才让它拥有了一段不受干扰和牵引的纯粹自由发展的时段，这是多么令人难以置信的巨大幸运。

访谈者：谢谢您拿出今天的宝贵时间，讲得实在是太好了！期待很快能再约上您，继续深入访谈。

伦纳德·克兰罗克：好的。

访谈者：可以请您给"互联口述历史"项目写几句话吗？随便什么都行。

伦纳德·克兰罗克：好的，当然可以（合影留念）。

方兴东和伦纳德·克兰罗克合影

第二次访谈

访 谈 者：方兴东、钟布
访谈地点：加州大学洛杉矶分校
访谈时间：2018年7月16日

访谈者：请给我们介绍一下您的这间办公室吧，您在这里度过了 56 年的时光，它一定具有很特殊的历史意义。

伦纳德·克兰罗克：提起我的这间办公室，我最想说的第一句话就是，当进入这个房间，人们必须要意识到的是——这是一个非常神圣的房间。因为在这里，时间回溯到 50 年前，脚下的这块地方，就是互联网开始的地方。所以，即使资金有限，我还是坚持改进了这个房间，这样能更好地保存它的原貌。

这里陈设着的这台设备可不一般，它是历史上的第一台互联网设备，它叫作 IMP，现在人们通常称为路由器。这台是军事加固过的机器，当然现在它已经不能再运转工作了。它是由霍尼韦尔制造、BBN 改进的机器。可能在很多人眼中它看起来怪怪的，有些丑陋，但是在我们看来，它非常漂亮，甚至可以说非常伟大。它是当时最先进的设备，由逻辑电路、内存、调制解调器接口、电源灯组建，功能性也非常好，运行了很多年。

这款机器问世后官方又陆续地造了几十台的同款，到现在只剩下两台了，在这儿展览的是一号机器，就是当时造出来的第一台。在硅谷的计算机历史博物馆里展出的是第十号机器，其他的机器都被他们扔掉了，本来这台他们也打算扔掉，我经过好一通斗争才把它保全下来。事实上，当国防部资助这个项目的时候，项目结束后设备就被送到了课题组组长那里，加州大学洛杉矶分校这个项目的课题组组长是我。我说，"你不能把它扔掉"。多年来，我不得不把它藏在我的办公室里，以防有人把它扔掉。你得知道这是一台伟大的机器。正如我所说，它是第一号接口信息处理器。这是一个很棒的机器，你可以下载任何你想要的寄存器，可以修改内容，它有着出色的诊断。

为什么我要说这台机器神圣且伟大呢？试想一下，人类迄今为止经历了多少场革命？我们自己又能记住几场？记住了又能说出每场革命开始的精确时间和确切的地点吗？恐怕大多数人都不能吧。但是这台机器，就在这里，在接通电源之后，在 1969 年 10 月 29 日晚上 10 点 30 分，两台计算机之间的第一条信息发送成功，那是互联网世界的开始。

为了纪念这个伟大时刻，IEEE 赠送了我们一块牌匾。

INTERFACE
MESSAGE
PROCESSOR

伦纳德·克兰罗克操作 IMP

这种牌匾一般都代表着重大意义的事件，比如第一次洲际传输。他们认定这儿是 1969 年互联网的诞生地，所以向我们赠送了这块牌匾，上面记录了我们向斯坦福研究所发送的第一条信息的详细内容。顺便说一句，这个房间原来是一间实验室，后来被拆分得四分五裂，我不得不再次争取，才得以拿回来整间屋子。

那时还没有建成网络，只有一个我们用来测试是否能够来回传送的节点。当时团队里的成员，来自俄勒冈州以及美国通用电话电子公司①、AT&T、科技公司、西格玛公司等不同的地方，它们都有很科学的数据系统。我们的目标是建立网络，让人能够在自己的计算机上操作，通过网络去登录远程计算机，然后本机控制应用程序或软件。这一套系统我们研究了一个月，最后完成了，但是怎样才能让全部计算机实现这种联网和信息传递，而且能让美国国防部支持网络呢？互联网就是在这个时候起源的。

---

① 美国通用电话电子公司（General Telephone and Electronics Corporation，缩写为 GTE），成立于 1935 年，是美国电信领域主要的产品和服务提供商，公司客户遍布五大洲。

访谈者：您一定面临很多诱惑，去华盛顿，或是去其他地方。但如您所说，您一直待在这儿。

伦纳德·克兰罗克：从 1963 年我第一次来到这儿，到今天，这里一直是我的办公室。

我一直待在这儿，最根本的原因是我热爱教书和做研究，喜欢和年轻人一起工作，这能让人保持身心的年轻愉快。这儿也没有老板，可以做自己想做的研究。我可以和朝气蓬勃、思维活跃的人一起工作，同事们很多都是从世界各地来这儿的访问学者，我自己也要经常出差，很不错，我觉得我的工作是一份责任重大的好工作。

我得到这份工作的方式还特别有意思。当时我拿到了硕士学位，然后我儿子出生了，我就觉得人生特满足，想得到的都得到了。同时林肯实验室的人跟我沟通，他们会资助我的一切费用，包括我的学费、生活费和工资，资助我读博士，然后加入实验室跟他们一起工作，我也愿意这样做，我们简直是一拍即合，立马就谈妥了。林肯实验室还有一个很好的政策，就是会让那些拿到资助奖学金的人在加入工作之前先出去走走，看看世界，了解一下学校之外的其他地方。所以我就全美周游了一遍，东海岸、西海岸，都去转了，看了很多美好的地方。

但是因为种种原因吧，个人原因，家庭原因，不便多说了，总之我扎根在这里而没有做其他选择，也是因为热爱这里的一切，我已经培养了大约 50 名博士，他们大都是全世界、全美国范围内的网络专家。

孔子有句话说得好，可能我表达得不是特别精确，大概意思是：做你喜欢的工作，这样你就一辈子不用工作了（原文为"知之者不如好之者，好之者不如乐之者"）。这在当今时代尤为重要，特别是在工程学领域，学生们被行业所吞噬，去做他们可能不喜欢的事情，虽然得到的薪水很高，但他们在做一些无关痛痒的工作，而不是一些能给他们带来快乐的事情。如今人们真是太容易陷进这样的泥沼里面了。

访谈者：能介绍下您的列队理论吗？

伦纳德 · 克兰罗克：列队理论是一个很深奥的数学学科，它涉及与网络相关的效率、存储和缓冲吞吐量的响应时间。要想研究网络，这些都是必须要弄明白的。我将列队理论延伸到自己的研究中去，使用它来研究和评估包括计算机系统、分时系统、计算机网络、移动网络、物联网等方面的整个互联网领域。

早期我们使用电传打字机，在一卷纸上打字，输入纸带用来连接机器的终端，那时候我们使用了大量的纸带。

想要跟机器对话，首先得建立连接，得让机器知道你打算和它的主机交谈，这被称为初始连接协议。你有了它，就可以登录，和主机进行交谈了。

我从来没有上过列队理论的课程，都是自学的，然后写了这些关于列队理论的书。书里有我所有的数学知识，也有顶层逻辑结构。它是我的工作，也是我思考方式的体现。因为它是正确的度量标准，它允许概率方面有不可预知的流量，甚至有不可预知的网络或可靠性。当我们改变拓扑结构时，线路也随之改变。我需要运用这个理论并提出一种方法来围绕它建立一个网络，这就是分组交换的由来。但是在我提出理论架构之后好几年才开始有人进行相关的网络连接尝试，也就是阿帕网。这是一个巨大的转折。

访谈者：您一开始就想到要将计算机连接成网络吗？

伦纳德·克兰罗克：最开始的想法，并不是说我想去研究计算机之间"相互交谈"的问题，而是我意识到机器和机器之间需要连接，实现"交谈"。那怎么才能实现这种连接和交谈呢？当时我们只有电话网络和电报网络，但没有任何技术或者机器可以处理使用不同计算机语言、不同国家语言的计算机。同时还得保证这种连接和交谈能够高效操作。此外，最致命的是，当时通信非常贵，交换成本也很高。

另一方面，什么是时间共享计算机？它是一种非常昂贵的机器。个人电脑是最近才有的，在那个年代，机器很庞大，而且很贵，动辄就数百万美元，但大部分时间它们都在机房里被闲置，我感觉真的太浪费了。我最开始的设计思路是，用电话网络中闲置的资源再次动态分配，实现资源共享，使计算机能共享。这里面有应用数学的思路，1964 年的时候我集结自己写的论文出了一本书，写的就是这种设计思路，由麦格劳-希尔公司出版。

这本书问世以后就脱销了，加印，然后又脱销了，然后再加印，最近还再版了。作为一名电气工程师，我需要掌握相关的数学知识，但是我在学习的时候并没有学到列队理论，而我想要解决的计算机联网问题又需要这种知识，所以我就自己写了一系列关于列队理论的书。第二卷是关于网络的第一本书，介绍了阿帕网的经验，以及网络分析、设计和优化所需的数字工具，这些是我在1962 年发表的论文里提出来的工具；我还添加了一些另外的数学工具，是我在 1962 年至 1976 年间开发出来的。其中一些工具在 1962 年至 1976 年的书中有所扩展。这些书到现在依然是列队理论和网络的经典著作。

访谈者：当时会不会畅想什么时候自己家里也能有一台计算机？

伦纳德·克兰罗克：当时我们有可以自己使用的机器，叫便携式终端机器，有时候也被称为德州仪器，大约有700台，它看起来像一台大号的打字机，里面有调制解调器，可以通过调制解调器把机器连接到网络上。

访谈者：当时你们想的是把那么多大学校园里的电脑连接起来。您能想象有一天，所有人都会使用互联网吗？

伦纳德·克兰罗克：没有想到。我也没预测到后来网络的发展，一开始我想到的是电脑之间互相连接交流，人们通过网络和电脑进行人机对话。我的确意识到，网络应该可以在任何地方用任何设备进行连接，应该像电话或者电一样简单。你不需要知道它的工作原理。电就是用一个极其简单的接口，插上电源就有电了。网络更复杂一些，你可以用更自然的方法来处理。现在的语言、界面以及人机界面都太复杂了。我预见到了这些，但是没有预见到网络带来的社交，以及它能进入消费者世界。

访谈者：当时用到的机器都是由政府、高校资助的吗？

伦纳德·克兰罗克：都有，有的已经得到了其他方面来的资助，比如有美国国家科学基金会、大学的，还有捐赠的，以及其他公司的，比如惠普、通用和数字设备公司。

访谈者：第一次网络连接成功的时候有记录吗？

伦纳德 · 克兰罗克：有记录。

当时是乔恩 · 波斯特尔①在做记录，他是我的一个研究生。

乔恩说我们应该把发生在这儿的事情记录下来，他有这种意识，就像班上的纪律委员时刻想着维持纪律一样。然后我们从 1969 年 10 月 9 日开始记录，当时也没什么特别需要记录的，乔恩很有趣，就随手记录一些精彩的小事件。比如 10 月 14 日这一天他记录道："以上记载难以理解，而且没有署名。请更加努力。"他是想通过记录提示大家要遵守纪律，也要更努力。但最重要的事件在这儿，这条

---

① 乔恩 · 波斯特尔（Jon Postel），1943 年出生，发明互联网的功臣之一，协议发明大师，互联网数字分配机构创始人。于 1998 年 10 月 16 日逝世。

记录是："1969 年 10 月 29 日晚 10 点 30 分，查理·克莱恩[①]正式和斯坦福研究所的主机连接上了，主机和主机之间信息发送、传递成功，两台机器进行了交谈。"这是关于我们第一次连接成功并发送信息的唯一记录，我认为它也许可以称得上互联网发展史上最重要的文件。

说到这儿，人们可能会想那我怎么能用手直接摸这本日志呢，哈哈，当然，这本并不是原件，它是一本精巧的复制品，跟原件几乎一模一样，让人分不出真假。原件被藏在档案馆中，密封保存起来了。之前我的一名博士后在这儿工作，在看到日志之后他就想怎么处理它更好。他是一个历史学家，从历史的角度更知道这本日志的价值，就把它拿走了，所以现在这里展示的这本是复制品。我这间办公室里还有一些其他东西，也能通过它们看到以前的历史，有一些照片，有保罗·巴兰的，我来这儿之后，他也在这儿做过一些工作，还有拉里·罗伯茨的，还有我自己

---

① 查理·克莱恩（Charles Kline），加州大学洛杉矶分校研究员，副首席科学家，是互联网技术、网络安全、软件专利和商业策略方面的专家。Locus Computing 公司创始人。

的，还有唐纳德·戴维斯[①]的。现在唐纳德和保罗都已经去世了。这一本是苏联人造卫星的记录，这一本是我们研究某项技术的最终技术报告的范本，当时弗兰克·哈特[②]是BBN[③]的小组负责人，还有鲍勃·卡恩和查理·克莱恩。此外还有一些我写的文章和一些小设计。

访谈者：关于互联网的诞生时间，有种说法是 1969 年 9 月 2 日，您知道吗？

伦纳德·克兰罗克：国际互联网协会要在 2018 年 9 月

---

① 唐纳德·戴维斯（Donald Watts Davies），1924 年出生，英国计算机科学家。参与了英国第一台计算机的研制；主持了英国第一个实验网的建设；分组交换技术早期研究者之一，帮助电脑能够彼此通信，并使互联网成为可能。于 2000 年 5 月 28 日逝世。

② 弗兰克·哈特（Frank Heart），美国计算机科学家，1947 年进入麻省理工学院攻读电力工程，毕业后参加"旋风"电脑研制工程。在林肯实验室工作了 15 年，1967 年加入 BBN 公司，哈特带领的小组制造出了世界上第一台 IMP。他为 BBN 工作了 28 年，1995 年退休。

③ BBN，即 Bolt, Beranek and Newman 公司的缩写，是一家位于美国马萨诸塞州剑桥市的高科技公司，建立于 1948 年，由麻省理工学院教授里奥·贝拉克（Leo Beranek）、理查德·博尔特（Richard Bolt）与其学生罗伯特·纽曼（Robert Newman）共同创建。因为取得美国高级研究计划局的合约，它曾经参与阿帕网与互联网的最初研发。现为雷神公司的子公司。

庆祝其成立 25 周年，打算在这儿举办一些庆祝活动。因为它是个国际性组织，所以会按照不同成员所在的太阳升起的不同顺序依次举办庆祝活动，每个国家和地区都举行，最终回到这儿。联合国教科文组织是个很好的平台，能让人接触到很多国家。

这次的互联网诞生日我们选在 10 月 29 日，这区别于 1999 年 30 周年纪念日时选择的 9 月 2 日。因为那个时候，我们没有关注第一条信息，关注的是第一个节点。后来我们意识到拥有一个网络这件事情更重要，所以我们把日期选在互联网第一条信息发送成功的 10 月 29 日。

访谈者：网络一出现的时候就大受欢迎吗，这么令人惊奇的新鲜事物？

伦纳德·克兰罗克：恰恰相反。其实在最早，大多数人都不想用网络。设想一下，假如你有一台大型计算机，是在某高校或者某个研究机构里，我们来找你，跟你说："请把你的电脑连接到我们的网络。"你很困惑："为什么？"我们告诉你说："这样我们也就可以通过网络来登录使用这台电脑了。"你一定会感觉很费解，甚至觉得我们不可理喻："你在说什么？！这是我的电脑，我对这台电脑拥有百分百的使用权，没办法让你们用。"我们还是试图说服你："连

接了网络你也可以登录使用其他人的电脑啊！”一般我们会
得到冷漠的拒绝——“不，我不想。”

所以我们当时遇到的阻力很大，我早期的做法是，亲
自去了最初计划中的 19 个节点，到每一个站点我都会问：
“你想连接到网络上吗？”

不用想也能知道答案：“不要。”

我就会再问：“如果是两个电传打字机的连通度呢？”

“那可以。”

我再追问：“我们使用多少网络？”

“我也不知道，3 台电传打字机……”所以我就一个
一个地跟他们解释，后来我就发表了那篇论文，展示了每
个人说自己会用的网络和流量。

即便如此，人们仍然觉得自己使用网络是“被迫”的，
仍然有各种各样的理由不想使用它。这是为什么呢？因为
他们就是不想让别人使用他们的机器。当时的情况是，想
要使用一下其他人的计算机真是太难了，你必须得到基本
凭证，登录以后还要知道命令语言，还要知道如何运行这
个程序，障碍很多。所以当时我们做的大量工作就是努力
说服人们使用网络。我们直面这个过程中的困难，没用什
么修饰性的词能表明这个过程很容易，因为事实上困难就
摆在那儿。

到了 1970 年的夏天，我们已经架设好了最早的两条横穿整个美国的线路。我们做过一个示范图，通过图片展示各个站点之间的通信量，就能看出来人们实际上是多么愿意使用网络。我们为此做了大量的工作，光是讨论设计的论文我就有 250 多篇，以说明这个是流量矩阵，那个是最初的 19 个 BBN 应该部署的节点网络。

访谈者：还有什么关于早期互联网的趣事吗？

伦纳德·克兰罗克：说起来还有个好玩的事，就是我觉得我可能是第一个非法使用互联网的人。当时是 1973 年 9 月，我去英国布莱顿（Brighton）的萨塞克斯大学参加一个计算机交流会议，参会者都住在学校的宿舍里。会议开得很成功，我们这些参与者一起探讨了很多问题。在会议结束的前一天，我先走了。等到家收拾行李的时候，我才发现电动剃须刀落在宿舍里了，但是我又不想就这么丢了。我想第二天还有一天会议，可以看看谁还在那儿参会，顺便帮我拿回来。我就想到了使用互联网。那是 1973 年，我记得那时候洛杉矶是傍晚时分，伦敦大约是凌晨三点，我开始寻思，这个时间还有哪个疯子会在网上呢？估计拉里·罗伯茨在，我了解我的好朋友。于是我就用便携终端机连接网络，通过一个叫资源共享主管（RSEXEC）的程序登录每一台连接到阿帕网上的计算机，查看每一台计算机上都有谁在登录，然后查找罗伯茨这个名字。我发出了这个指令。3 分钟之后，我的便携终端显示拉里正在剑桥的 BBN 主机上登录。我们聊了一会儿天，我告诉他帮我找回电动剃须刀。结果第二天丹尼 · 科恩①回国就给我捎回来了。丹尼 · 科恩可能并不太知名，他也是早期的互联网先驱之一。

当时这种做法是非法的，因为那时网络是一种用于工程研究的研究网络，而不是供个人使用的。网络只供研究人员用于研究，公众不能使用，企业不能使用，政府也不能使用。这种情况持续了很多年。这也不是明文规定的，好像是当时一种约定俗成的不成文的政策。也许我是第一个非法使用网络的人。

访谈者：记得您说过美国高级研究计划局的氛围特别好。

伦纳德 · 克兰罗克：关键是，什么是那个时候的文化？让

---

① 丹尼 · 科恩（Danny Cohen），阿帕网实时飞行模拟器的发明人，互联网先驱之一，2012 年入选国际互联网名人堂。

我来给你描述一下。这是一个由研究人员和研究生组成的社群，大家想努力做一番事业，我们研究出来新技术，也不会去申请专利，也不会想去做生意，大家都有一种振奋的精神，就是如果自己开发的技术能够为人所用，能帮助到别人，那么自己就感到很满足。当时的氛围就是这样的。那个时候，我基本上认识互联网上的每一个人。后来有了电子邮件之后，我们做了一个小册子，上面有我们这一拨人的电子邮箱，通过它能联系到每一个人，特别好。

这种文化是开发的、自由的、共享的、道德的，有很好的网络礼仪。这种文化氛围是怎么形成的呢？在学生和教师的研究团体中，这并不是不自然的，只是美国高级研究计划局的资助哲学大大强化了这种文化。美国高级研究计划局的资助哲学和其他资助机构的都不一样，他们找到你，说："我们知道你是一个很棒的研究人员，这是一些钱，你去自己擅长的领域里做研究吧，我们不会要求你做什么，但是记住别让国家失望，放手去做些伟大的事吧，神话一样的事也可以。尽管去做，我们不会打扰你。"这种资助高风险，也高回报，互联网就是一个最好的例子。

我是怎么花那笔钱的呢？我找到我的研究生，告诉他们我们要做哪些事情。我们需要一个主机对主机的协议，有这么多钱，去做吧。我不会告诉他们怎么做，他们可以来找我征求建议，但还是要自己开动脑筋。当时我们的氛围非常好，开放、自由，大家创造力很强，而且彼此之间情谊浓厚。也是基于这种氛围，所以我们没有对网络的使用设置限制，这么做的副作用就是，我们没有设置任何保护性措施。我们没有向彼此设防，但应该有所设置的，因为 1988 年第一例蠕虫病毒出现，1994 年垃圾信息出现，互联网的黑暗面开始出现。其实我们本应该在互联网诞生的最早期就设置一些具有保护性的特别工具，在需要时调用它们。现在互联网面对的安全挑战已经很严重了。

现在回想起来，我们那一拨人工作的时代可以称得上是黄金年代。超一流的资助理念，有挑战的问题，聪明的同事，良好的氛围，一切都令人身心愉快。麻省理工学院当时是一个特别令人兴奋的地方。而且，我特别要说的是，我之前说过，我要为最好的老师工作，他就是克劳德·香农①。上个月有本刚出的新书，叫《天才的游戏心

① 克劳德·香农（Claude Elwood Shannon），1916 年 4 月 30 日出生，美国数学家，信息论创始人。1936 年获得密歇根大学学士学位，1940 年在麻省理工学院获得博士学位，1941 年进入贝尔实验室工作。香农提出了信息熵的概念，为信息论和数字通信奠定了基础。于 2001 年 2 月 24 日逝世。

灵》（*A Mind at Play*），就是写他的。他太有魅力了，真的是才华横溢的天才！他是数字革命的发起者之一，视野广阔，也是一位异常优秀的数学家、一位出色的工程师，而且他的思维和直觉都非常敏锐。他曾在贝尔实验室工作，生活里他也爱开玩笑，喜欢玩独轮车，玩杂耍，玩平衡球。他标准很高，很爱挑毛病，不轻易表扬人。

我本来想把办公室里的一整面墙做成一个巨大的触摸屏，上面展示创造了互联网的这些至今仍令人备受鼓舞和值得纪念的人和事，但是我无法说服层层领导。这本来应该是一件与有荣焉、令人自豪的事情。我花了好多年才保留下来这块互联网诞生的地方。11 月，我所在的这个部门要搬去新的办公大楼，但是我不搬，我想继续留在这个房间附近。我还想留着我的这个大办公室，原因之一是我有很多书，现在的人们已经不怎么看纸质书了，但是我不想放弃我的这些书，它们都非常特别。

访谈者：关于分组交换，您怎么看保罗·巴兰的观点？

伦纳德·克兰罗克：我先来说保罗的观点。我们的观点彼此独立，但我们在一些方面也有所重合，各有建树。

我俩观点的区别在于，我的观点是以数学为导向的。我创建了一个模型，并对其进行了优化，获得了最佳性能。

我展示了分组化在数学模型中是如何提高性能的。而他更关心的是体系结构，从端到端的设计，以及鲁棒性[①]的想法，这很重要。他的建构是一种渔网结构，这种结构允许你在切断任何碎片的同时保证其他部分继续工作。我也有一种关于可量性的方法，它不仅可以从逻辑上推翻之前的观点，还可以从路由过程的角度来看数据传输。

巴兰当时在研究网络的可靠性和脆弱性。他在 1962 年 9 月的时候尝试把需要传递的信息拆分成数据包，但是我在当年 4 月的论文里就已经探讨和分析过了。当时我们的工作是彼此独立的，他更多的是做工程架构，而我更偏重于用数学原理来检测基本原理，然后辨认和观察基础原则，比如一个原理是"大就是好"，意即：一个容量更大、吞吐量更大的网络可以提供更快的响应。但是列队理论专家并不知道这一点。列队理论专家会说："一名杂货店店员要服务在杂货店里排队的一列队伍，你不可能让店员以比每秒服务一个人还要快的速度提供服务。"但在网络中可以让数据通道更快，每秒 100 比特、1000 比特、10000 比特、

[①] 鲁棒性，指控制系统在一定参数摄动下，维持其他某些性能的特性。鲁棒，是 robust 的音译，也就是健壮和强壮的意思。——编者注。

100000 比特。数据通道越快，处理的吞吐量越多，响应时间就越短，平均速度就越快。列队理论专家不知道这一点，但我可以很轻松地分析出来，越大越好。

另外我还发现，在一个位置上，单节点比多节点更好，我使用了一个分布式的系统结构。我在为香农教授工作时，就思考了网络问题。香农的工作基于这样一个原则：随着系统的变大，无论是什么系统，开始都以可预测的方式运行。这可以指编码序列，也可以指网络。当变大时，它们会变得更容易被预测，波动就会消失。举个例子来说，保险公司的人确切地知道明年大概会有多少人死亡，只是不知道谁会死亡，所以他们和每个人打赌，把税率提高了一点，这样他们总能赢，这就是自然规律。如果能让自然这个系统运行足够长的时间，它的行为就是概率行为，非常具有决定性。这就是所谓的大数定律：大量不可预知的事件往往以一种非常可预测的方式集体发生。香农利用了这一点，我也利用了这一点。我说，如果我要设计和搭建一个网络，我就要研究大网络行为。我论文的题目并不是这个，但这个提案被称为大型通信网络中的信息流。所以我意识到，对于一个小通信网，比如有 10 ～ 20 个节点，没出现任何东西。但放到一个大的网络里，你就会发现突现行为，它是可预测的。大数定律告诉我们，方差减小了。那么又怎样建立一个大的网络呢？不能让一个节点控制所有的东西，它太脆弱了，通信量太大时需要太长时间。所以我们要控制分配，分布式控制的想法出现在我的论文中，不是因为我想要可靠性，而是因为我想要可扩展性，结果就免费得到了附加的可靠性，你可以切断某些部分，但网络仍然在运行。我的兴趣是揭示这些原理，大型共享网络更好，分布式网络更好，出于各种原因，把消息分割成小块都是有意义的。但是巴兰没有探讨这些。他认为，从工程的角度来看，网络可以是这样的，他有分组的想法，这是毫无疑问的。

他的工作与我的平行，他的更偏向于工程架构，我的是以理论和原理为基础的。他带着这个想法去了AT&T，得到了同样的回复，"它永远不会起作用"，"我们不想这么做"。他试图让 AT&T 搭建一个网络，但是他们不愿意。他因此受到了打击，很失望，不再研究网络，开始研究其他系统。早期巴兰也和拉里讨论过，因为拉里了解我的所有工作，作为研究的一部分，我写了一个很大的模拟程序。在我使用 TX-2 计算机的时候，巴兰为 TX-2 编写了元编译程序。所以，我和巴兰有重叠的地方。

所以最早期的互联网先驱，就是我、巴兰，我们的研究甚至是在美国高级研究计划局构想出阿帕网之前。之后，唐纳德·戴维斯进入这个领域，然后是拉里·罗伯茨，再后来是弗兰克·哈特等人，温顿进入这个领域挺晚的。卡恩当时在 BBN。温顿在我手下工作。我的软件团队组成是这样的：斯蒂芬·克罗克负责我的软件团队，在他下面是温顿、查理·克莱恩，乔恩·波斯特尔以及比尔·内勒。我还管理着一个硬件团队以及其他工作人员和项目人员等。温顿和克罗克一起开发了第一个主机协议，它被称为 NCP，是一个在 TCP 之前的网络控制协议。

到了 1973 年，鲍勃·卡恩管理信息处理技术办公室，他意识到，阿帕网正在和其他的不同网络相连接，从欧洲来的卫星网络，从夏威夷来的 ALOHA 无线网络，它们能够互相连接。但是为了让 NCP 与各个网络沟通，每个网络都必须转换成其他网络的协议。如果只有三四个网络，这么做是可以的。但是，网络的增长极快。所以，鲍勃认为我们需要一个公共协议，所以他开始与温顿合作进行开发，因为温顿曾经帮助我开发过 NCP。所以，鲍勃和温顿提出了 TCP，TCP 于 1973 年左右开始出现，直到 1983 年，才要求所有网络都适用 TCP/IP。有一个与此相关的故事。TCP 是主机到主机的协议，告诉你如何从一个主机获取数据到另外一个主机。它有自己的规则，我发出信息，等待另一端发回确认信息。如果你没有收到确认信息，你就再次发送。在网络内部，信息被切成小段，如果流量过大，就会变慢，你就需要放慢速度之类的。如果出现错误，我们会重新发送。传送的包可能会在网络内部乱序，如果出现这种情况，网络会将它们重新排序。

另外，丹尼 · 科恩，就是那个帮我捎剃须刀的人，也是早期的先驱者之一。他对一种叫作网络语音协议的东西感兴趣，想通过网络传送声音，这被叫作 VOIP（互联网协议电话）。TCP 问世时，是一个单一协议，结合了我们现在所说的 TCP 和 IP。TCP 部分是端到端、主机到主机的协议。IP 部分是内部的逐段协议，非常高效。他认识到，如果使用结合的 TCP，就无法通过网络发送语言。因为如果一个数据包无序到达终端节点，TCP 会要求等待，直到接收到所有在它之前到达的数据包。如果数据包到达时出错或者丢失，就必须重新传输。科恩指出，声音无法等待所有这些延误，它是实时流。如果一个数据包延迟则丢弃，乱序也丢弃，发生错误也丢弃，然后对语音进行内插。科恩和鲍勃及温顿讨论，将 TCP 分成了两部分，即 IP 部分和 TCP 终端部分，这样他就可以在 IP 上面运行网络语音协议而不需要使用 TCP，这就是我们今天的流媒体[①]。

1978 年和 1979 年我都发表了论文，我的观点是：获得高效性能的方法不是让列队在网络中建立起来，而是将它们保持在最低限度。理论是，我们希望最小化通过服务器所需的时间，并且仍然让服务器保持繁忙。举例说明，如果你能控制人们的服务方式，你会怎么做？你应该让一个人进去，满足他的需求，他离开以后让另外一个人进来，如此循环往复，而不是要让人们排队等候，因为这样会降低速度。工程上的概念是保持通道的满载。但如果有多个跳跃，每跳一次，不要用很多其他的东西淹没它，这些东西会妨碍缓冲区，也就是会发生缓冲区膨胀。我发表了优化性能的论文，但是什么都没有发生。2017 年，范·雅各布森[②]又看了那篇论文，并认为我的方法是处理网络流的办法。

---

① 流媒体（streaming media），指将一连串的媒体数据压缩后，经过网上分段发送数据，在网上即时传输影音以供用户观赏的一种技术与过程，此技术使得数据包得以像流水一样发送；如果不使用此技术，用户必须在使用前下载整个媒体文件。
② 范·雅各布森（Van Jacobson），TCP 流量控制算法的提出人，该算法使得网络规模可控。

访谈者：有些人认为唐纳德 · 戴维斯很不幸，因为他有很好的想法，但得不到资金。是这样吗？

伦纳德 · 克兰罗克：故事是这样的，唐纳德 · 戴维斯是在 1965 年前后开始研究网络的，在我的工作完成并发表论文多年后，他开始讨论网络。他知道我的工作，还在他的论文里提到过。他也知道保罗 · 巴兰的工作，保罗当时在兰德公司①研究一些军事方面的问题——这是这个城市神话的另一个来源。保罗试图创建一个网络，实际上是对抗攻击的鲁棒性。但是他没有查看我得出的任何数学结论或基础原理，他关注的是架构。他的第一篇关键论文发于 1962 年 9 月，我的第一篇信息分组论文发表于 1962 年 4 月，讨论分组交换。我们的工作都是互相独立的，但的确是同时段的。戴维斯的论文发表得稍微晚一点，他知道我和巴兰的工作。当时他在英国国家物理实验室②工作，他还告诉我说，他说服了英国帮他建立一个单节点网络，那是第一个网络转换器，甚至比我们的还要早，但是他无法获得政府

---

① 兰德公司，美国最重要的以军事为主的综合性战略研究机构。
② 英国国家物理实验室（National Physical Laboratory，缩写为 NPL），创建于 1900 年，位于英国伦敦，是英国国家测量基准研究中心，也是英国最大的应用物理研究组织。

的后续支持，没有资金，仅靠一个单节点是无法连成网络的。我的感觉是，因为英国政府不让他搭建网站，他感到非常失望和痛苦。

假设当初英国政府资助了他，那么可能今天你们采访的就是一个带有英国口音的人了。

访谈者：现在互联网不少负面的东西凸显出来了，您怎么看？

伦纳德·克兰罗克：互联网的阴暗面的确是个问题。毕竟，互联网的力量就来自于它允许拥有任何设备的任何人在任何地点，都能以匿名的形式，立即联系到数百万人甚至数亿人，而且不花费时间、精力或金钱。这是互联网的力量，也注定互联网黑暗面的必然存在。互联网触手可及，同时又很便宜、很快捷，而且没有人知道你利用互联网做了什么，所以它在吸引蝴蝶的时候也吸引了臭虫。

现在的情况是，不仅有讨厌的黑客来骚扰你，还出现了有组织性的犯罪，国家层面也参与了进来，形势非常严峻。所以现在有一种势头，即为了保护自己，断开公网，建立私人网络。不幸的是，这是错误的方向。正如我之前所说的，这样会把网络分割成独立的领域，免费的互联网接入将开始减少，我认为这会是一个巨大的耻辱。

所以我们要努力去保护网络。保护有两部分，一是在网络本身的界限以内，这有很多种解决办法，基本上是由软件定义网络、命名网络以及同态加密思想。同态加密允许你取出一部分软件程序和数据，并对它们进行加密，而不需要解密，你就可以在一个加密的程序中处理加密数据并得到一个加密结果，没有人能够清楚地看到数据。这个研究正在进行中，希望最终可以把成本降到合理范围，从而让它发挥强大的保护作用。另一种思路是我和另一个同事正在做的，就是回归到以前电话网络的工作方式，也就是说，在我们开始对话之前，先建立一个连接，再使用它。那个时候电话网络的问题在于你无法很快地设置和关闭，但是现在我们可以。

现在有各种各样的加密方式，如双重加密、多重加密等。量子计算是另一种已经付诸使用的加密的解决方式，它不可重复，所以我们只能得到一次密码。但是整个领域困难重重，原因是我们一开始并没有把它构建到最初的网络中。我们应该做的是两件事：第一，我们应该内置强大的用户身份验证，如果我宣称是我，我得能够证明正在和你聊天的是我；第二，强文件认证，如果我发给你一份文件，你应该能够证明是我发给你的那份文件，是没有被篡改的文件。我们本来可以在早期内置，之后再关闭，让人们参与直到达到临界质量。这样的话，我们就能在网络黑暗面出现的时候使用它。我们现在很难构建，因为有数十亿的系统架构在旧的协议之上。如果要做的话，必须与旧的协议兼容才行，这就会带来严格限制。这也是同态加密成为这部分问题解决方案的原因。

访谈者：您怎么看中国的角色和中国的学生？

伦纳德·克兰罗克：现在中国是国际事务的一个主要参与者，关键是其他国家要和中国成为合作伙伴。中国对教育和技术的投资让人兴奋，这非常重要。

当然中国在技术世界中将会占主导地位。首先，中国在用户基础方面有实力，你们就是自己的市场，和美国早期阶段一样，这是美国能如此迅速崛起的原因之一，也适用于中国。同时，在全球经济体量中，中国仍然是独一无二的。

中国的教育体制有自己的独到之处。中国学生善于考试。我曾经去过中国，与一些教育团体讨论引入创新性思维的事情，这一点是中国学生比较缺乏的。西方学生更有创造性是因为他们从小就被培养成具有挑战性思维的人。现在进入一所好的大学的竞争异常激烈。

过去，你不能相信来自中国的推荐信，它们都言过其实，但现在它们越来越贴近现实了。许多中国学生都学成归国。中国建立了很多创业园，配套了充足的资金、优秀的实验室和优良的设施，不少中国留学生选择回国发展，或者在美国待几年，学习一些经验后回去。他们知道了如何创业以及如何做研究。

开放和创造的能力是特别珍贵的，也许这也是中国需要学的，不仅是合作，还要给予自由和灵活性。失败无所谓，你得明白这一点。事实上，如果你不曾失败过，就说明你没有达到研究的边缘，说明你还不够努力。

好了，今天就先到这吧，我们明天继续。

访谈者：好的，多谢您，我们明天见。

第三次访谈

访 谈 者：方兴东、钟布、Lily

访谈地点：加州大学洛杉矶分校

访谈时间：2018年7月17日

访谈者：您好，今天我们继续。现在请您回忆下童年有哪些记忆深刻的事。

伦纳德·克兰罗克：童年啊，那就从我出生开始说起吧。我父母都是波兰移民，他们在小时候分别移民来到纽约（母亲在4岁时、父亲在16岁时来到美国）。我父亲在刚刚来到美国后，晚上上夜校，白天在杂货店全职工作。几年后，他从学校辍学，开了自己的杂货店，我年轻的时候，他是一名杂货商。我母亲是一位秘书，之后成了家庭主妇。

1934年6月13日我出生在纽约曼哈顿哈莱姆区的医院，并在曼哈顿长大。我住在曼哈顿上区一个叫作华盛顿高地的地方，就在华盛顿大桥附近，正好是纽约市的毒品集散地。所有非法毒品从新泽西运来，在桥的入口处交易。

百老汇大街正好穿过我居住的社区中间，将它分成了两大块。东边那一带特别乱，挺危险的，西边那一带则要安全舒适许多。我住在东边那一带，街头经常有斗殴现象，所以我从上小学开始，就学会了怎么保护自己。事实上，住在那一带的就只有两个犹太小孩，我是其中的一个，遭遇了各种歧视，经历了不少街头混混的帮派混战。

访谈者：您小时候有哪些爱好？

伦纳德 · 克兰罗克：我小时候喜欢鼓捣各种装置，玩拼图游戏，组装飞机模型，就是那种上发条转动螺旋桨就能飞起来的玩意儿。我很喜欢做这个，我记得邻居家的大人会给自己的小孩买燃油机动飞机玩具，但我家买不起那种，只买得起用橡皮筋的这种。我总是很嫉妒他们，因为他们的飞机能自己飞。

我还喜欢玩街头运动，看漫画书，超级英雄那一类，尤其爱看超人系列。

我的另一个爱好是天文学。记得有一天晚上，我跟着母亲去公寓大楼的天台晾衣服。当时天空亮极了，原来是因为北极光出现在了曼哈顿的上空，天空非常灿烂夺目。我不知道你是否看过北极光，但它能改变你的思想。我开始借阅那些包含火星、月亮、木星之类的图画书，看得如痴如醉，直到窗外没有一丝亮光。从某种意义上说，我宁愿人类从没登上过月球，因为这让月亮失去了一些神秘感。

访谈者：上小学后，您会不喜欢上学吗？

伦纳德·克兰罗克：我成长在纽约市，那个时候纽约还是全球最大的城市，是一个非常非常特殊的地方。我在那儿接受了很好的教育。我是在百老汇大街西边那个治安良好的街区里的一所优质小学念的小学，我的同学都特别聪明，学校里竞争激烈、结构良好而且令人振奋。在我6岁左右刚开始念小学的时候，有一天我在读一本超人的漫画书，看到书的中缝里有插页，是教如何制作晶体收音机的说明书。我看了觉得很有意思，感觉自己也能造出来这样的东西，而且制造它也不会花什么钱，好多需要的东西都是可以废物利用的东西，像空的卫生纸卷，可以在它上面绕一些电线来制作一个感应器，电线也很好找，很常见，然后还需要一块晶体，我就用父亲的刀片从铅笔芯上弄到晶体。除此之外，我还需要一副耳机，但是我自己又没有，就想到哪儿去弄到这副耳机。我知道街头的糖果店旁边有一个电话亭，可以把耳机拆下来，于是我偷了那个耳机。然后还需要一个可变电容器，用来调频。这个东西我知道不常见，不好弄到，但是我知道哪儿有卖。在曼哈顿市中心有一条街叫运河街，还有一条街叫科特兰街，在那一带有卖这些电子器件的商店，可以找到二战之后的所有的电子设备。妈妈带我坐着地铁，一路到了那儿。我走进第一家电子设备商店，一拳砸在桌子上招呼伙计说："我需要一个可变电容器。"柜台后面那个售货员问我："什么尺寸的?"我一听就傻眼了，露馅了，因为我完全不知道什么尺寸。于是我告诉他我需要什么，售货员就知道帮我找什么了。

　　我们花了五美分把这个可变电容器买回家，然后我把这些零件都拼在一起，哇，不可思议！真的就能听到音乐了。但我还是不知道它是怎样工作的，就很想了解它的工作原理，在努力寻找答案的过程中，我发现电磁真是一个神奇又神秘的世界。现在我了解数学，了解电子电气，但电磁仍然是一个奇妙的谜团。

　　那时候我大概六七岁，我现在也喜欢在鼓捣这些小东西。在我做好那个收音机的时候，并没有意识到我已经被它迷住了，注定要成为一名电气工程师。当时都没想到过这些。

　　从那以后，我就开始收集废旧收音机——那些人们用坏的、丢掉的收音机。我会修好那些坏掉的收音机，或者把那些废旧收音机拆开，用它们的零部件重新组装一个收音机。

　　我小时候经常这么做，总是把我和姐姐合住的房间弄得乱糟糟的，但是妈妈允许我这么做，这个非常重要。虽然她完全不知道我究竟在做些什么，但她任由我把房间弄得乱七八糟，不会阻止我去探索，即使是探索一些危险的事情。曾经我有一组非常小的化学实验玩具，我就试着去做炸药。当然，做炸药需要硝酸钾、硫黄和碳。玩具中没有硝酸钾，那是不合法的。但如果你去药店，悄悄地对里面的人说，那即便你年龄不够，他也会卖给你。硫黄可以从这组实验玩具中拿到。至于碳，我从垃圾堆里拣了一块木炭充当，但我没意识到需要把它研磨成粉末才管用。我把它们混在了一起，但制作出来的东西根本没有爆炸。谢天谢地，我十根手指都还在。我的一个布朗克斯科技高中的同学，他的左手只剩下无名指和小手指两根手指，就是因为他做的一个实验爆炸了，另外 3 根手指被炸掉了。

我还收集外国邮票。因为许多外国邮票都可以免费拿到，在许多杂志上面都有广告，你寄信过去，他们就会给你一个装着各种邮票的包裹。

小时候我基本上独来独往。你或许以为我喜欢制作收音机，就会找到别的有同样爱好的人，一起组成一个社团之类的，但我一直都是自娱自乐。我那时想成为一名业余无线电操作员，但又没钱买所需的相关电子设备，要成为一名业余无线电操作员必须要有所谓的整套装备。

在学校里我还喜欢垒球，我原来是一名非常好的垒球手，投球很好。我一般在三垒或者当投手。我们有一个小球队，叫复仇者球队。

中考我考得很好，考上了布朗克斯科技高中，它是当时纽约一所非常特别的学校，可以说是全国最好的高中。我周围的同学都很聪明而且参加了一些很棒的项目，我还加入了游泳队。我在那儿度过了一段十分美好的时光。在高中毕业升入大学前的暑假，我还担任过纽约市的救生员。整个高中时期我过得非常开心，就在两天前，我还收到了一封来自我的母校布朗克斯科技高中的信，他们想要把我列入学校毕业生的名人堂，这是很高的荣誉，很少有学生能获得这份荣誉。整个高中时期，我每周大约工作 25 个小时，当电影院的引座员。

访谈者：您大学还是在纽约读书？有没有想过去其他城市？

伦纳德 · 克兰罗克：太想了，我是真的想离开纽约。但是很明显，我负担不起。所以在高中结束前，我给美国每一个州的商会都写了信，问它们有哪些奖学金。

有不少商会给我回信，表示可以为我提供一些奖学金，但是都不够支付我上大学的费用。大学学费很贵，还有路费、住宿费和书本费，加在一起是一个很大的数字。即使有商会能资助这一切费用，对我而言也不够，因为我还得给家里钱，我得养家。那时候我父亲病倒了，他40出头儿就得了重病，本来我家开了一家杂货店，后来父亲病倒，杂货店就不得不停业了。

我母亲曾是一名秘书，后来父亲生病，她就到杂货店里帮忙。再后来父亲病倒了，没法再工作，家里又需要钱，母亲就得支撑起家业。她是打字的一把好手，就接了打字的活，在信封上打印地址。但是这工作很不容易，我记得打1000个信封才挣5美元。我看着母亲打字速度这么快，也自学了打字，所以我很小的时候就会打字了。穷人的孩子更早熟和自立一些，我家当时真不富裕，可以说是相当穷。

纽约城市学院是我唯一可以不用交学费就能去上的大学，而且不用交住宿费，因为离家近，可以走读。不过，这所学校也不是一般的学校，是当时全国最优秀的公立大学之一。事实上，从纽约城市学院毕业的诺贝尔奖获得者人数超过了从美国任何一所公立大学毕业的诺贝尔奖获得者人数。

所以我结束了救生员的工作，像其他学电气工程的学生一样，准备好步入纽约城市学院参加日间课程。但事实证明这还不行，我得到的奖学金不够，还得挣钱养家。于是，我不得不去上夜校。我白天需要去纽约市中心的一家工业电子公司当技术员，与工程师以及电子工程师一起工作，当然我在那里学到了很多。我在那儿工作了五年半的时间，包括所有的暑期。可以说大学时期我四分之三的时间都在工作。想想看，有谁会去上电气工程专业的夜校呢？没有多少人，要么是疯子，要么就是辍学者，要么是非常认真的穷学生，或者是来自二战的退伍军人，因为有法案保护他们接受教育的权利。

这是一群很有意思的混合学生群体，除了学习知识，我还能了解到生活以及真实的世界是什么样的。在工作中，我能学到电子学的真正用途，而不是简单的照本宣科的理论，我一直都很注意实践和理论相结合，刚好教夜校课的很多教授白天是工程师，晚上给我们上课，所以他们能把所有关于实践工程和理论的知识带入课堂。我还记得有一天，教授走进教室，拿着一个非常小的零部件说："看到了吗？这是一个晶体管。"那是刚刚做出来的晶体管，他说："与其说这是一个放大器，不如说这是一个温度计，因为它对热量的变化非常敏感，但显然测试温度并不是你们想要的。"他向我们展示了如何改进，即在它周围添加额外的电路。如果在日校，教授们是绝对不会那么说的，他们就会说，这是一个晶体管，它有什么什么功能，去设计与之相配的电路吧。所以在夜校我反而得到了实践和理论相结合的教育。

因为我白天都在工作，一周需要工作 40 个小时，而且晚上在纽约城市学院读书，所以我有点睡眠不足。不仅如此，因为生活太困难了，压力很大。那时候学校没有兄弟会或姐妹会，但是有"房屋计划"。"房屋计划"是一个建筑，在那里你可以加入俱乐部，我在的小组叫迪恩房屋。当然也有女生小组，我们会一起跳舞。我一般会晚上 11 点下课后去那儿，一直待到午夜，然后乘公交回家睡会儿，第二天早上 8 点再去上班。我利用坐地铁的时间来学习，学的过程很有意思。我会拿一张 8.5 英寸①×11 英寸的纸，对折一次，再折一次，现在这张纸有 8 条边了，然后我把在工程课堂上学到的公式、方程等都写在上面。到了上下班高峰时间地铁上都很拥挤，没什么空间，但我利用这个时间学到了很多，而且学得很好。最后我以日校和夜校总排名第一名的成绩毕业，还担任了班长，结识了许多有趣的同学。工读结合的经历让我得以更好地了解生活和现实世界，而且也掌握了理论的实际用法，我总是喜

---

① 英寸，英美制长度单位，1 英寸约等于 2.54 厘米。——编者注

欢理论结合实际。

访谈者：大学生活里您通常一天是怎么过的？

伦纳德·克兰罗克：6 点半起床，坐地铁，8 点前到工厂开始上班，作为一名电子技术员（后来成为工程师）一直工作到下午 5 点。再坐地铁去学校，晚上 6 点开始上课。夜校下课的时间不定，一般是晚上 11 点，我会再去"房屋计划"待一会儿，然后坐公交回家，到家夜里 12 点半或凌晨 1 点，努力睡一会儿，第二天早上起来，周而复始。

本科期间的生活非常紧张，这期间我还结了婚。毕竟我挣着钱，可以养活自己。我需要在紧张的环境里透口气，我认为这一步走得很好，很少有人那么年轻就结婚，我那一年才 20 岁，我让我妻子也读了大学。在我快要毕业拿到学士学位的时候，了解到会有一个麻省理工学院的人来介绍学校一个非常棒的奖学金项目。这个项目由麻省理工学院林肯实验室提供，叫"员工关联"项目，说是某个周四的下午 4 点，会来一位男士介绍这个项目。项目宣讲的那天我特意提前下班，跑去参加这个讲座。这个项目会把你送到麻省理工学院，并得到一份研究助理的工作，会付你工资。你暑期在林肯实验室做研究的话，可以拿全职工资，甚至只上一个学期也能拿到全职工资。这个项目要求第三学期末完成硕士论文，第四学期就都在林肯实验室工作，实验室大概离麻省理工学院 20 英里，你需要往返两地学完最后一门课程。

听完了具体的介绍以后，我就希望能加入这个项目。工作人员告诉我，想要申请表的话，就去找负责的教授。我去找这位教授，说我想申请这个"员工关联"项目。他说："我没认出来你。"我说："我上的是夜校。"他说："夜校？快走开，你不能申请。"我简直无法相信他说的话！但是我没有放弃，而是认真地写了一封申请信，很幸运我获得了申请表，而且我是唯一一个被麻省理工学院录取的攻读电气工程硕士学位的学生。那是一个很好的项目，而且环境很棒。我的硕士论文是关于一种读取薄膜存储元件的方法。我按计划完成了硕士学位，并准备在麻省理工学院林肯实验室接受它提供给我的一个研究职位。就在我取得硕士学位的时候，我的儿子也出生了。我的教授说："你得继续读博士。"我说除非我能研究一些很有影响力的课题，才会读博。

我的工作环境非常好，当时我为伟大的克劳德·香农教授做助理。他让我做的第一件事就是编一个国际象棋程序。香农教授对许多事情都感兴趣，他想要一台能下国际象棋的机器。他递给我一本书《1001 个制胜弃子和组合》，是弗雷德·瑞恩费尔德写的，这本书里的每一页都是棋局，写着："黑棋有绝妙的棋着，找到它。"下一页写着："白棋有绝妙的棋着，找到它。"找这些棋着很难，虽然我下国际象棋还可以，但远远没到如此专业的程度。

香农说，翻到书后面的答案，找出精彩走棋步骤中最常见的第一步棋，因为那个值得研究，之后再找出最常见的第二步棋。你们猜，最常见的第二步棋是什么？是将军。如果我将了你军，你能走的就不太多了，我也能知道你会怎么走。香农很实际，我们要玩的是中局，不是开局也不是残局。我们当时和另外一个教授约翰·麦卡锡①一起合作这个项目。约翰·麦卡锡和马文·明斯基②是最早的两位人工智能专家。麦卡锡当时正致力于生成合理棋着。

---

① 约翰·麦卡锡（John McCarthy），1927 年 9 月出生，计算机科学家，被称为"人工智能之父"，Lisp 语言发明者，因在人工智能领域的贡献，在 1971 年获得图灵奖。于 2011 年 10 月 24 日逝世。

② 马文·明斯基（Marvin Minsky），1927 年出生，数学家，计算机科学家，人工智能先驱。1956 年，明斯基与麦卡锡、香农等人一起发起并组织了达特茅斯会议，提出"人工智能"概念。他是人工智能领域首位图灵奖获得者，也是世界上第一个人工智能实验室——麻省理工学院人工智能实验室的联合创始人。于 2016 年逝世。

麦卡锡和他的学生会告诉我们能做什么，而香农和我来搞清楚应该做什么。这是麻省理工学院国际象棋项目的开始。

但这不是我读博期间想要研究的东西。我就去看同学们在干什么。我忘了描述一下香农教授，他提出了被称为信息论的东西。有书专门介绍他。他在指导一些学生对这个理论进行扩展研究。我意识到他们正在解决的问题是非常难的。但在我心里，它们没有多大的意义，因为它们不是我想参与的。我注意到，实验室里有很多计算机，它们迟早会开始彼此交流，而当时还没有相应的技术为之提供支持。我认为这是一个值得研究的领域。而且我有办法，知道该怎么做，会相对来说比较容易得到好的结果，因为当时还没有人研究出简单的结果。这种挑战对我来说很完美，所以我决定了，这就是我在麻省理工学院要研究的方向。

访谈者：选专业的时候，家人是给您建议，还是支持您自己决定？

伦纳德·克兰罗克：他们支持我的决定，不过我父母还是希望我学医。好像所有父母都希望自己的孩子去学医，但我从来没有想过学医，我觉得自己不会成为一个好医生，我可不想把人切开，而且我认为医学主要是靠记忆，它并不是我感兴趣的领域，我希望学习一些更有趣的学科。

我也考虑过生物学，但是和医学一样，它需要记忆的东西太多，并不会像工程学一样令人兴奋。工程学更多地关注我们身边正在发生的事情。我喜欢解谜，工程学中充满了谜题，必须弄清楚这个东西是如何工作的，要从中找到答案，弄清楚这是对的还是错的。即使是一个时钟，我也会把它拆开，虽然可能无法把它重新装起来，但在拆开时会学到一些东西。所以自己动手去做是一种很好的能力，我曾经做过大量的飞机模型的焊接和黏合，手常常被螺丝刀和刀具弄伤。我认为这些都很重要。

说到这儿，我想顺带说一句，如今的孩子们都没有这样的机会了，他们无法拆开自己的玩具，现在的玩具都是印刷电路。但是随着机器人技术和 3D 打印机的出现，他们开始有了动手实践的机会，这很好。因为曾经有段时期，很多学生决定成为一名计算机科学家，但是他们却没有任何动手经验。十八九岁了，可能没有任何工程学方面的经历。

访谈者：大学期间您有什么难忘的人或者事吗？

伦纳德·克兰罗克：我想，很重要的一点是我接触到了很特别的同学。

我的同学们都不是典型的大学生。有些是条件很差、家里比较贫穷但很聪明的孩子；有些是从二战战场上回来的美国大兵，是拿着工资来上学的。他们是非常认真的学生，知道自己为什么来上学。他们不会上一年学，然后休学一年。他们像我一样白天工作，晚上上学。他们上过战场，知道生活和学习的意义。他们对生活、对生命中最重要的事情都有着清楚的认识。跟他们同窗，我受益匪浅，也很有挑战性，这也是我能够在所有课程中取得好成绩的原因。

我记得自己还参加了一门绘图课程，应该称之为工程制图。我喜欢这门课，因为可以做很多有意思的事情。工程制图不仅可以让图纸看起来更漂亮，而且还可以解决问题。例如，如果我拿着一样东西，然后我要让它穿过一个物体，这个交叉点是什么样的？你怎么想出来？对于画法几何，你可以通过构造而不是计算来完成，所以我很擅长这个。

大学期间我白天上班的地方叫光电钟公司，老板要我做的第一件事就是拿一个电话插头，焊一个电阻器在里面，再把它密封起来，然后画图说明这个做法。我照做了，绘制了一幅非常完美的结构图。我花了大约一个小时完成，之后递给我的老板，而他却差点儿因此解雇了我。他说：

"你在这上面花这么多时间干什么？你画一个小草图就足够了。"我很不理解，我想说我试图以严谨的方式做我觉得应该做的事情。但实际上，并不是所有的工作都需要去高精度地完成。这就是我在工作中学到的一个非常好的经验。

访谈者：您学生时代最难忘的老师是谁？影响您很多吗？

伦纳德·克兰罗克：毫无疑问，是克劳德·香农，直到今天，他仍然是我的榜样。他的成果多得令人难以置信，他的智慧难以用语言去形容，他看问题的角度极大地影响了我现在处理问题的方式。

香农教授曾借给我一本书，叫《最省力原则——人类行为生态学导论》，这是一本了不起的书。这本书的作者齐普夫收集了大量统计数据，比如：加拿大森林里有多少棵树，那里有多少只狼；今年有多少芝加哥人和纽约人结婚，这两个城市之间的贸易量是多少，兑换了多少钱。作者查阅了所有数据，并找到了某些关系。在各种不同的数据中，他发现了一个规律并提出了齐普夫定律①，他从大量数据中发现了很多幂律分布。

几个月后，香农来找我，要把书拿回去，我说："当然，这是您的书，您当然可以拿回去。"然后我又很大胆地问："您为什么要把书拿回去呢？"他说："我正在制作股票市场的模型，我想知道美国人民财富分配的模式。"香农其实只比我高一点，但是我却觉得他比我高很多，像个巨人。所以我抬头看着他说："你是说你想挣钱？"他低头看着我说："是啊，你不想吗?"那是我一生难忘的场景。这使得他更加真实，而且他的确用这个模式挣了不少钱。

还有个很有趣的故事。他是一个巨人，是理论上的强者。然而，如果你走进他在麻省理工学院的小办公室，你会看到他坐在那里，一只手拿着一个小齿轮火车，另一只手拿着一把瑞士军刀，忙着捣鼓它。他经常忙于做机械方

---

① 齐普夫定律（Zipf's Law），是由哈佛大学的语言学家乔治·金斯利·齐普夫（George Kingsley Zipf）于 1949 年发表的实验定律。它可以表述为：在自然语言的语料库里，一个单词出现的频率与它在频率表里的排名成反比。所以，频率最高的单词出现的频率大约是频率第二位的单词的 2 倍，而频率第二位的单词出现的频率则是频率第三位的单词的 2 倍。

面的事情，总是在修修补补。他喜欢机器，也喜欢机器人，还喜欢能移动棋子的下棋机器。他是一位伟大的、有实践精神的理论家，这与我很一致，我也喜欢这两者的结合。他的实践经验也丰富了我的经验，坚定了我做这些事情的愿望。

访谈者：真是神奇啊！您接触的很多人都很智慧，而您似乎在年轻时就意识到可以充分利用好自己的智慧。

伦纳德·克兰罗克：的确如此，那段时光真的是我在麻省理工学院的黄金时代，环境和氛围都特别好，教授们博学友好，同学中也有很多了不起的人，像拉里·罗伯茨和伊万·萨瑟兰那样的。那时还有一个办公室，里面全是像我这样的研究生。坐在我旁边的一个同学是最早研究具有光电传感器的机械手的人之一，机械手能拿起物体而不会撞倒它们。他也协助香农教授一起工作，这个项目做完后他就离开实验室了，桌子都空了。

但是有一天他办公桌上的电话响了，我去接听，来电的是《波士顿环球报》的人，他说："我想和制造机械人的那个学生谈谈。"我说："他已经离开这儿了，而且他制造的不是机械人，是机械手。"他问我说："这有什么区别吗？"媒体想要轰动的故事，反过来这也是给研究人员的压力。

访谈者：很多人都会从科学家身上获得启迪，但怎样才能成为一名伟大的科学家呢？

伦纳德·克兰罗克：这个问题很难界定，不过我可以说说我看待这个问题的方式，以及我向学生的抱怨，我会从我在那个纪录片中说的话开始。

我认为计算机是批判性思维最大的敌人。计算机的确能做很多事，用处很多，但很糟糕的是，它们经常被用来代替思考。

我给你举个例子，我给我的一个研究生出了一道题，让他告诉我无线网络的性能。

他说："好的，我要做一个数学模型，我可能无法从数学上解决它，但是我会对它进行模拟，比如模拟响应时间，我会给您展示这个数字。"

我说："很好。那你说这个模型为什么这儿看起来像一条直线呢？"

学生不知道。

我又问："这儿的渐近值是多少？系统怎么样？"

学生说："我不知道。"

我再接着问："那如果我改变容量，把容量翻倍，会发生什么？"

学生说："那我需要再模拟一次。"

　　我就告诉学生："那你不及格，因为你不明白你得出了什么结果。你得出了数字，但没有对这个数字有任何理解和了解。"

　　对学生来说，相对于理解结果而言，从计算机上得到数字答案简直太容易了。在你拿到结果以后，你应该反问自己，这个结果告诉了我什么？但你是否反问过自己：这个结果告诉了我什么？这个计算过程为什么要这么做？我怎样才能在另一个可能相关的环境中使用这些结果呢？这些都是批判性的思考和评估。

　　大多数伟大的发现并不是说一句"有了，我找到它了"就出来了，更多的是思考"这个很有趣，为什么会这样呢"。我们应该观察这些异常行为。我不想让学生只看到他们认为应该出现的结果，而是想让他们去研究不寻常的行为，因为这才是会有发现的地方。

　　所以在回答这个问题——如何成为一名优秀的科学家时，你得知道自己在研究什么，并不断地提出问题："为什么它会这样呢？我怎样才能改进呢？我如何模拟发生了什么？"如果这个系统对我来说太复杂，没法研究到那一步，那就简化它，做一些假设，努力去理解这个结构的本质。然后你就可以对它进行评估和理解，并在网络上使用这些直观的原理。

工程直觉是什么？就是如果你不把它放在脑子里而是写在纸上或存在电脑里，你就不会想到它，不会产生新的想法。你必须在洗澡或睡觉的时候想着它，这样你就会突然产生新想法。

我所有的考试都是闭卷测试，不能使用任何书本。学生问我："那第一部分的题我做不上来怎么办？剩下的部分就溃不成军了。"我告诉他们："别担心考试。如果你第一部分得不了分，没关系，我可以给你分。第一部分一共3分。当然，你会失去这3分。"所以他们就不用担心错过一些小题，如果你能答对其他所有题，就可以额外得到丢掉的那几分。"因为我不相信把书带入考场或是使用谷歌搜索对学生有好处，因为那代表着你并不曾在自己的大脑中理解那些知识。

在这方面香农就是一个最好的例子，他是物理和数学这两方面的大师级人物。

访谈者：您怎么挑选自己的学生？

伦纳德·克兰罗克：他们得是毕业班里最好的学生，而且需要向我表达"想要跟我一起工作"的意愿。我正在设立一个新的实验室，叫加州大学洛杉矶分校连接实验室。你知道麻省理工学院媒体实验室吗？我的实验室与它类似，这是一个可以创造思想的环境，年轻人可以加入进来，互相交流、切磋想法，以及实现世界连接的想法。我觉得这是一个很好的名字，代表两层含义，一层是网络方面的，另一层是人们之间的连接。现在我也在为实验室募集资金。我们将得到一个很大的场地，实验室的一个政策是，给未来的博士生提供为期一年的资助。通常博士生进来的时候，他们首先要筹集资金，拿着钱去找教授说"我想为你工作"，不管技术是不是他们想要的，钱必须得先有。这个对于学生来说是很不幸的。所以，我们允许学生进入实验室之后的第一年，先熟悉情况发现自己感兴趣的领域，通过工作研究去接触并了解教授，而不是先找教授。

作为连接实验室的一部分，我们已经启动了互联网研究孵化器。孵化器的作用是帮助培育那些很有想法的学生，在本科生中，不管是工科、商科、文科还是理科的，不管是学数学的，还是学语言的，有些有特别优秀的、创造性的想法，但是他们没有导师，又得不到资助，也没有做实验的地方，还要忙着在餐厅工作和上课，于是这些想法很容易就消失了。所以，我们想培养学生和他们的想法。我们一个计算机科学系的校友拿出了一些钱，现在已经是第二年了，我们创建了 12 项奖金。奖金总额是一年 15000

美元，此外，我们还有实验场所、教授指导以及校内外的导师。我们在校园里到处宣传，让申请者表达出他们对互联网充满热情的想法，只要与互联网有关的任何想法都可以，不一定是技术方面，也可以是社会问题、政府问题等。

我们匹配有12位导师，请导师们来评估这些申请。他们来决定"这是我想要的，这就是12个获奖者中的一个"，而不是关心你的平均分是多少，背景是什么。所有都让导师们来决定，他们对此很兴奋，这是一个很好的匹配。

访谈者：您带过多少学生？有没有印象特别深刻的学生？

伦纳德·克兰罗克：我带过的博士生有48个，印象特别深刻的，是特别会玩纸牌游戏的一个。

我是不会去玩自己没有优势的游戏的，像掷骰子，一个普通玩家能有什么优势呢，但在百家乐、扑克牌这类游戏中我能有一些优势。我扑克牌玩得不好，不怎么擅长。玩扑克牌要想玩好，得有一种杀手本能，能跟紧对手，进而击溃他。我教过的一个学生就有这种本能，后来他果然拿了世界冠军，他就是克里斯·弗格森（Chris Ferguson），在1999年的得州无限制扑克竞赛中获得了冠军，赢了100

万美元的奖金，那个时候这是很大一笔钱。

克里斯 · 弗格森是一个很棒的学生，但是他拿到博士学位简直是跑马拉松，从他本科毕业我雇他做程序员算起，他用了 14 年才博士毕业。克里斯思维活跃而且想法独到，但是不会把它们付诸实践。

我们有时候会花几个小时的时间聊天。我很喜欢和我的研究生聊天，一起做实验。我们一起做了很棒的研究，但是我不得不强迫他从他那些天才的想法中挑一个并实现它。不过在玩扑克方面，他可是行家里手，简直可以说是魔术师。他在扑克界的花名是"吾即耶稣"。他看起来也挺像耶稣的，留着胡子，戴着一顶黑帽子。

我曾经为一个为期六周的项目讲课，这个项目叫现代工程。我会教听课的人关于网络、信息论的一些内容，来听课的是产业界的高管，IBM 的高级副主席也来过。我们花六周的时间学习固体电子学、计算机、通信、电子、物理等专业知识。这种课程对他们来说应该是非常好的专业知识补习课，他们从早到晚基本上都在这里。我们还经常会为他们安排一些晚间节目。

当时教与学的氛围都很好，我也特别愿意多教他们东西。在上概率论课程时，我想可以通过赌博教他们，于是就把克里斯 · 弗格森叫了过来，让他展示纸牌魔术。

他表演的魔术是这样的：他拿了一副牌，交给其中一个高管，然后转身背对那个人，让他切牌并随机抽取一张并记住，然后再放回去。但是那位高管没有做克里斯让他做的那些动作，他打算愚弄一下克里斯。现在想想那个场景，一位美国公司的高管试图证明他比一个学生更厉害。这对克里斯而言可真是个不好的回报。我当时看到了一切，紧张到出汗。我觉得对不起克里斯。

克里斯转身，接过牌，抽出来一张牌问："这是你的牌吗？"高管说："不是！"克里斯又抽了一张牌问："这是你的牌吗？""对！"不管怎样，克里斯还是骗过了他。我在旁边看得心惊胆战，真是不可思议！

访谈者：如果时光重来，有什么是您不会再做的吗？

伦纳德·克兰罗克：我想我可能不会那么早结婚。我有两个孩子，我的第二任妻子也有两个孩子。这是我们彼此的第二次婚姻。我们有六个孙辈。我会花很多时间陪孩子，跟他们一起玩儿。但是，我的五个小孩都在东海岸那边，只有一个在西海岸这边，在我身边长大。我成长的年代和现在年轻人的不一样，我小时候父子间的距离感还是比较明显的，不会特别亲昵，大家都有点拘泥，羞于表达。现在情况不一样了，好了很多。

访谈者：您的孩子选择了和您同样的职业道路吗？

伦纳德·克兰罗克：我的两个孩子，一个拿到了斯克里普斯海洋学研究所海洋学博士学位，另一个几乎拿到了康纳尔大学的物理化学博士学位，但是她没有写完论文。她在我创办的一家技术会议公司里工作，她每年都会参加 4 个会议，会议内容是关于近 2~5 年的新兴技术，她会上报所有的会议信息并撰写关于每项技术的主要报告。她深度参与了现下的高科技工作，非常能干。

访谈者：好的，谢谢您今天和我们讲了这么多有趣的故事，期待下次能再约您的时间，我们继续深入访谈。

伦纳德·克兰罗克：好的。

第四次访谈

访 谈 者：方兴东、金文恺
访谈地点：加州大学洛杉矶分校
访谈时间：2018年11月17日

访谈者：教授您好！很高兴我们又见面了。之前您讲了很多关于读书和研究的事儿，您有没有想过更多的商业化尝试？包括其他三位"互联网之父"，您有所了解吗？

伦纳德·克兰罗克：拉里开过很多家公司，温顿没怎么开过，而是在大公司里供职，鲍勃·卡恩有一家自己的公司，叫美国国家研究创新机构，投入了很多精力在这家公司。大家的方向各不相同。我自己创业过几次，其中有的还挺成功的，只是大众可能不那么了解。我是 Linkabit 公司 ① 的创始人，这个公司是我和安德鲁·维泰尔比 ②、

---

① Linkabit 公司，该公司主要开发应用于军用卫星通信领域的技术。
② 安德鲁·维泰尔比（Andrew J. Viterbi），1935 年 3 月 9 日出生在贝加莫（意大利北部的一个城市），1939 随父母移民到美国。"码分多址（CDMA）之父"，IEEE 成员，高通公司创始人之一，高通公司首席科学家。他以开发卷积码编码的最大似然算法而享誉全球。

欧文 · 雅各布斯 [1] 共同创立的。我们三个人创办的公司大获成功，后来卖掉了，他俩带着钱去了圣迭戈，用这笔钱创办了高通公司 [2]。他俩原来都是老师，欧文在麻省理工学院，安德鲁在加州大学洛杉矶分校。后来他俩离开学校专心商业，我还留在这儿。高通公司非常成功。

Linkabit 成立于 1968 年。我之前说过，我和我的妻子在 1976 年成立了一个很棒、很成功的会议公司，叫技术转让研究所，到现在还在，我还在为它工作。1998年，我又创办了 Nomadix，它是一家在全球部署互联网接入设备的公司，现在隶属于 NTT Docomo 公司。我还创办过相关的其他公司，有的也挺成功的，但是我从来没有停止过研究。本来我可以从 Linkabit 开始就踏入商业领域，但是我不愿意，因为那个时候正是 1969 年前一年，是互联网开始的时候。我从来没有想过要去赚上几十亿美

---

① 欧文 · 雅各布斯（Irwin Mark Jacobs），1933 年 10 月 18 日生于马萨诸塞州。美国高通公司创始人之一，前董事长，是码分多址数字无线技术的先驱，拥有 14 项码分多址专利。
② 高通公司（Qualcomm），创立于 1985 年，总部设于美国加利福尼亚州圣迭戈市。高通公司是全球 3G（第三代通信技术）、4G（第四代通信技术）与 5G（第五代通信技术）研发的领先企业。

元。出于各种原因，我在商业领域做得很不错，但我从来没有想过利用这个系统去赚钱。我面临的挑战是在研究教学和商业运作之间保持平衡。

我对成为富人从不感兴趣，那不是我的初衷，能让我感到欣慰的就是研究所带来的挑战，为其他人做些有用的事情，像教书育人。当教授不是为了发财，但是如果你付出额外的努力，就会有所收获。比如说，为什么要以教授的身份做一些咨询工作？原因有两点：第一，获得校园之外的经验；第二，有额外收入。我刚开始当教授的时候，薪水低得可怜，所以为了生计，我不得不将目光投向了校园外的世界。在商业领域，你会发现更多机会。我提到过，我创办了几家公司，但我从来没有当过这些公司的领导。我创立公司后，只提供知识内容，也许还有初始的管理团队，之后我会让团队去运作。

其实我很幸运，我太太是个了不起的人，她很聪明，是一个很好的伙伴，这感觉很棒。现在我们涉足了一些房地产领域，因为她父亲经营着小型房地产公司，还不错。虽然规模有限，但他很努力。这些都不是白得的，你必须努力。但金钱永远都不是原动力。很高兴地告诉你，我现在生活得很舒服，也不用担心钱的问题。我从来没有刻意追求过这些，我的追求在我的办公室里，以及晚上在家里陪伴我的家人。

可以肯定的是，大多数早期的互联网先驱皆是如此，我们都没有去申请专利，或者以此创办公司，就只做工程师的工作。一路走来，我们发现互联网商业化的一面慢慢显现，但主要的爆发还是在 20 世纪 90 年代。嗯，也就是从那时开始，整个领域的动机发生了变化。当下，有很多年轻人勇往直前，想要杀出一条血路。

访谈者：您这一生，获得了很多奖项。对您来说哪个奖项是最重要的?

伦纳德・克兰罗克：我获得过很多奖项，十分开心，也感到责任重大、无比荣幸。对我而言最重要的奖项是美国总统授予的美国国家科学奖 [①]，这是总统能授予的最高荣誉。这是一个非常重要的认可，是我特别喜欢这个奖的原

---

① 美国国家科学奖（National Medal of Science），也称总统科学奖（Presidential Medal of Science），是在美国国会法令 86-209 的基础上于 1959 年 8 月 25 日建立的，由美国总统授予曾在行为与社会科学、生物学、化学、工程学、数学及物理学领域做出重要贡献的美国科学家。美国国家科学基金会下属的国家科学奖委员会负责推荐候选人给总统。

因，还有就是美国国家科学奖与国家工程奖不同，因为我的研究更多的是基于科学和理论的基本原理。这个奖更多地肯定了我在数学和理论方面的研究，而不是我更偏工程方面的——建立了互联网第一个节点和发送了第一条信息。对此我感到很自豪。因为我更喜欢外界认可我是因为我奠定了基本的数学理论。我喜欢研究基础知识，因为我很喜欢克劳德·香农。他的主要作品是一篇论文，即《通信的数学理论》，我非常喜欢这篇文章，希望能跟他有相同点。所以国家科学奖对我来说十分重要。

除了美国国家科学奖，我还获得了一些其他荣誉，我被选为一些主要社团的院士，还入选了国际互联网协会的首届互联网名人堂，获得了世界各地的多个荣誉博士学位。更重要的是，我的教学奖很重要，因为那才是我真正的贡献所在。

访谈者： 现在您的日常生活是怎样的？

伦纳德·克兰罗克： 几年以前我从教职工作上退下来了，但不是真正的退休，我认为真正的退休可能只有死亡吧，哈哈，我只是不再担任常规课程方面的授课，想要更自由、灵活地支配时间，否则我会连续10周都不得空闲。当然忙碌是很好的，保持忙碌最大的好处是，能让人保持年轻、充满挑战和警惕。

现在每周我在学校待上两三天，还在间歇性地做研究，做研究的时候一天工作 10 多个小时，也带博士生，但只是指导，已经不会自己亲自带学生了，论文也还在写。我还在为纽约城市学院工作。其他时间我事情也很多，比如出差和外出演讲。

当然，我有可能会再次返回教室上课（我非常想念课堂，而且十分享受），我还想修订再版一下我以前写的书，要抽时间锻炼，保持身体健康，这上面也要花费很多时间。我还练习日本空手道，练了很久，现在是黑带两段。你知道，我在纽约长大，得学会在街头防身自卫。有一天我带拉里·罗伯茨去洛杉矶的华兹塔，这个景点在一个很乱的街区，但是它有一个非常有意思的玻璃结构建筑，是一个名叫华兹的人建造的。我在那儿看见一些年轻人在打斗，我知道我肯定和他们过不了几招，所以，我决定学习武术。

我已经不再年轻了，健康方面我一直很幸运，对我这个年纪的人来说，我很健康。我每周练三次空手道，其他时候我喜欢骑自行车。这方面得感谢我父母，他们给我的基因很好。我一生都在坚持锻炼，包括游泳、慢跑、练空手道和骑自行车。

我很喜欢让自己保持忙碌，但又不是一个惯常固定的工作日程。我自己能掌控这个日程，不受制于任何我教的课程的控制，这就很棒。

现在我年纪大了，会开始多睡一些。我生命的大部分时间，都睡得很少，但是我自己也意识到了睡眠对健康的重要性。所以，我现在每天睡六七个小时。不过如果需要的话，我现在依然可以一整晚不睡觉。我喜欢熬夜，不喜欢早起。

这就是为什么教早上 8 点的课对我来讲也是一个很好的约束。我还是喜欢晚上工作，比如说午夜之后你一个人待在家里的书房，脑中的思绪不断。外面那么黑，也没有任何东西使你分心，就只有你一个人，没人打电话来，这时你会非常高效，能投入到写作中去。我能够花时间不断沉淀，仔细思考，而不是只想赶紧把它做完。顺带一提，我有两本书是用口述的形式来完成的，我把书"讲述"出来，这很有趣，通过讲述的方式写科技类的书。

20 世纪 70 年代，在我写这些书的时候是没有文字处理系统的。我会告诉打字员不用打出方程式，直接把这些内容复印到文件中，所以，只有在给出版商交终稿的时候，才需要把这些方程式打出来。我发现了一种很好的写作方式，而这种方式反而让我的书有了另一种特色，感觉我好像在和读者交流，而不是直接证明定理，把干巴巴的公式放上去。这像是在和读者共同探讨，而我也喜欢这样的方式，我喜欢仔细地解释问题。所以当你看这本书的时候，你能看到那样的讨论，是一对一的交流，而不是我单方面地讲。言归正传，我喜欢在晚上写作，在晚上我能够认真思考自己所做的事。

访谈者：您有一次开车遇到意外，差点丧命，当时很危险吧？

伦纳德·克兰罗克：你们竟然连这个都知道。好吧，那我就详细讲讲吧。这一段的确惊心动魄。

我当时的日程安排是在加利福尼亚大学伯克利分校上一个全天课程，上午和下午都有课，讲课持续两周。那个时候我们全家要在美国红杉树国家公园野营。

那天我得早起开车去弗雷斯诺机场，然后乘飞机去伯克利。白天上课，然后飞回弗雷斯诺，开车去野营点，晚上继续野营。当时我和我的妻子，还有 4 个孩子在一起。

我早上很早就起来了，大家都还睡着。我钻进车里，当时我有一个星期没刮胡子，穿着脏衣服和牛仔裤，还戴了一顶草帽，提着西装袋，里面装着我的西装、刮胡刀和我的所有笔记。

那是辆旧旅行车，我开车在公园里蜿蜒而下，通过后视镜突然发现车在冒烟，当时我也没多想。那条路弯弯曲曲的，我在直行道上。我当时开车的速度是 45 英里每小时。路的尽头有一个向左急转弯，路上只有我一个人，我想减速，踩了一下刹车，但它没反应，刹车直接踩到了底也没反应。我很不喜欢这个状况，就试了一下挂低速挡，那辆车是自动挡，结果也没用。我试了试手刹，还是没用。我发现我得跳车，要不这车该撞了。于是我打开了车门，结果往外一看，发现外面是陡崖。我只好关上车门，并开始喊救命，当时我真的喊了救命，那种状况下也做不了别的。然后，你猜怎么着？老天爷帮我了！那辆车突然开始颠起来，然后就开始减速，原来有个轮胎漏气了，漏得还挺严重的。后来，我把车撞上了山坡才停了下来。我爬出车，然后还要赶飞机。我看了看车，车身上所有带液体的地方都在漏，制动液也在漏，发动机油也在漏，转向液也在漏。万幸那时候没有火星。接着一位公园管理员开着车过来了，我向他解释了一下我的问题，问附近有没有车库。他说车库就在前面，他会帮我打电话叫拖车。我说："那太棒了，你能把我弄出去吗？"我还得赶飞机，因为我当时真的需要那笔讲课费来修我刚刚弄坏的车。1966年的助理教授（那个时候我在加州大学伯克利分校教了 3

年书），挣不了多少钱。我还有 4 个孩子，真的是特别需要那笔钱。管理员说可以，就把我带到了车库，车还在那留着。我和车库的人说，千万别忘了那还有一辆车。于是，我开始在公园里拦车，希望有人能把我带出去。但是管理员说，公园里不让搭便车，于是他又把我捎到了公园出口。我说："你是想把我丢出公园吧！"他说："没错！但是你不能在公园入口附近搭便车，还得往远处走一段。"我就走了那么一段，一脸胡子，穿着脏衣服，戴着草帽，还拎着我的西装袋。我打算跟离开公园的人搭便车，但一共就没几辆车出公园，当时是早上很早的时候，并没有人想捎我，但我就快误机了。

于是我走到出口处，跟公园的员工说，等到下一辆车出来的时候，请和他们解释一下我的遭遇，我是个教授，等等。我很幸运，下一辆车停了下来并且捎上了我。车里有个非常善良的人，和他的妻子一起。他是个很保守的人，我们开车出了公园，我向他解释说我得快点到弗雷斯诺，马上要误机了。他突然就加大马力，车开得飞快，像赛车一样，准时把我送到了机场。我急急忙忙道谢，冲出了那辆车，然后拎着西装袋开始在这个小机场里狂奔，因为我知道要从哪个门上飞机。机场里所有人都看着我像个疯子一样在机场狂奔。我到了检票口，上了飞机，坐下，飞机开始从跑道上滑行，然后突然停了。

飞行员说："旅客朋友们，紧急通知，很抱歉地通知大家，我们的制动系统坏了，所以我们不得不返回停机坪。"我整个人都慌了，我得去旧金山。所以我马上转头看向跑道，发现还有另一架飞机即将起飞。我当时几乎顾不上这趟飞机是去哪儿的了，满脑子都想着无论如何我都要赶上这趟飞机，离开这个小机场，去一个可以转机的地方。结果那趟飞机是去洛杉矶的，而洛杉矶有很多去旧金山的飞机，我便飞快地换了票。于是，人们又看见我向着与刚才相反的方向在机场里狂奔，再一次为了赶飞机奔跑。之后我上了飞机，飞向洛杉矶。我邻座是一位女士。我直接去了洗手间，刮胡子，换衣服。当我刮胡子的时候，空姐突然开始敲卫生间的门。她说："我们要着陆了！我们要着陆了！快出去，快出去！坐下，坐下！"我按照她说的做了。当我回到座位，我旁边的那位女士说："这已经有人了。"她完全没认出我来！在飞机降落以后，我自然地以为落在洛杉矶。我下了飞机环顾四周，发现这个机场看起来一点都不像洛杉矶的，而是贝克斯菲尔德机场。这趟飞机在贝克斯菲尔德经停。我立刻冲回飞机。最后，这趟飞机终于把我送到了洛杉矶。我立刻给霍华德·弗兰克打了一个电话，他在伯克利有一个为期两周的课程，我向他解释说我可能早上没法儿及时赶到，但是能赶上下午的课。霍华德说，不用着急，正好保罗·巴兰正在等着听你的课，他几天后有一个讲座，他能上午先把这课讲了，你几天后再来补今天上午的课就可以了。有意思的是保罗竟然在那儿打算听我的课。之后，我上完我的课，当天晚上返回弗雷斯诺，租了一辆车开回露营点。当我到达那里的时候，所有人还都在睡觉，当我爬进帐篷，我可爱的妻子问我："你今天过得怎么样？"哈！两天后，我回到租车行，取回我的车，我上课的钱全搭进去了。

我差点就死了，我当时甚至相信我要死了。那么到底发生了什么呢？当时的情况是，大部分车没有独立刹车装置，这是一个常见的制动系统。如果你知道差速齿轮的工作原理，你就会明白，它可以给两个后轮提供动力，每个轮子都有一根轴。它们在这个差速装置中运行。如果一个弹簧圈坏了，锁在轴上的东西就会坏掉，轴就会从差速器中脱落。在这个过程中，会发生很多事情。首先，半轴会自由运行，所以降档也不会减速。其次，刹车片从刹车卡钳中脱出。即便你扩张刹车片，它也不会再碰到刹车盘——这个系统控制所有的制动。所以你踩刹车，刹车卡钳活塞就会上升，其他的不会上升，则制动无效。幸运的是，车轮向挡泥板滑了出来，撞上了挡泥板，轮胎磨坏了，就停车了。这是一次有圆满结局的悲惨的经历。

访谈者：是啊，人活着就是最好的。您遇到过瓶颈期吗？

伦纳德·克兰罗克：经常有。科学研究很难，处于研究的前沿，想取得突破更是难上加难。我有两点心得。

第一，不论是小学生还是博士生，都被 4000 年的人类智慧滋养着。他们能免费获得其中的精华，无论是麦克斯韦方程组、牛顿运动定律，还是蒙娜丽莎的微笑，抑或一首好诗，都能提供智慧。但是学生并不清楚这些知识的价值。他们会说，我不想写作业，他们并没有意识到获得的是什么。年轻人嘛，我可以理解他们对 Instagram①之类的社交软件更感兴趣。但我想说的是，他们获得的知识有巨大的价值。

第二，我们一直在对他们说谎，我们让科学研究看起来太简单了。这是麦克斯韦方程组，让他们觉得好像一下子就能研究出来，其实并没有那么简单，詹姆斯·麦克斯韦也是费了很大的力气才得出成果的。即使是爱因斯坦，

---

① Instagram，照片墙，是一款运行在移动端上的社交应用，以一种快速、美妙和有趣的方式将随时抓拍下的图片彼此分享。

也是很努力地做研究才能有所建树。当一个学生撞到了研究领域的边界，又难以突破，就像我刚才说的那样，他会很有挫败感。其实过去伟大的大师也会遇到同样的问题。所以，要明白科学研究是艰难的。这是我很愿意告诉学生的一件事情，你总是会遇到难题。

当遇到困难的时候，你有几个选择。我喜欢通过画模型来表达。这里是现实世界，一些具体的事物正在这里发生。你基于现实世界构建了一个数学模型，然后想用数学来解决这个模型。有些时候你是做不到的，这是很困难的，有时候就是行不通。所以怎么办呢？有几种选择。一种选择是做近似值，做假设，不要放弃解决那个问题，但是同时也试试解决类似问题。人们花费了大量的研究时间，坐在这里与精确的模型或近似模型斗争。还有另一种选择，就是改变模型，建立一个不同的、也许更容易解决的模型。可能这个模型比较弱，但是能够得到更好的结论。因为当你都完成了以后，唯一重要的是得到的结论必须能适用于现实世界，这才是最重要的。你能预想会发生什么吗？看看怎么能到达那里，其中是有很多条路可以走的。就我自己而言，我研究的是一个不能用数学来解答的问题。研究这个问题有两大不利因素：第一个是随机性，概率部分是无法解决的。直到现在人们还是没办法解决；另一个是拓扑方面十分复杂。所以我该怎么做呢？我做出一个假设，一个独立假设。这个假设很显然是错误的，你一眼就能发现，但它推出的结论与现实世界是非常接近的。我该怎么说明这一点呢？我们也没有一个现实世界网络来进行比较。所以我在林肯实验室的电脑上做了一个巨大的仿真模拟。我运行了几个仿真模拟，发现用我取的近似假设得出的数学结果与真实仿真模拟的结果极其接近，真实模拟与现实世界十分接近是很符合实际的。这是一些结果的例子。你看这里有其中某处，还有一个仿真模拟证明模型是错误的例子。这是另一些结果的例子，有实线有虚线，实线是我无法解决的仿真模拟，虚线是我能解决的假设。表现几乎完全相同，所以这就证明这个假设是很好的假设。

所以你需要找到一条捷径，巧妙地绕开问题，或者是更加努力地思考，找出另一条可行之路。你一定要不停地解决问题，否则别人就会先于你而发表论文。你必须考虑用不同的方式来破解难题，要么就让问题变得更简单或者更困难。有时候如果你把它转变成一个更大的问题，问题反而会迎刃而解，信不信由你。或者把问题的某些部分扔掉，只留下你可以解决的部分，然后再回过头看看如何调整。

解决问题的方法很多，但通常来讲都不会很简单，这其中的美妙之处就在于，当你解决了某个问题，而结论非常简单，你会想问：为什么结论这么简单呢？它告诉了我什么？这样问是因为这个复杂模型中有些东西你没有发现。这就是它的美妙之处，如果你能看透它简洁的本质，它仿佛在说："我的天啊，就是这么回事。"我之前无法从一棵树看到森林，但是现在我可以了。

访谈者：您面对生活中的事情也总是保持井井有条，总能理性思考吗？

伦纳德·克兰罗克：你想说除了我的职业以外？可能并不是。我觉得算不上井井有条吧，我是那种随心所欲的人。比起按部就班，我更倾向于听从直觉，更具有探索精神。就像我所说的那样，即使写论文，我也是这里写点那里写点，是碎片化的，等到某个时间就会突然发现，它们拼成了完整的图形，虽然有些内容会被暂时搁置，但是我的脑子里得有全局。

我喜欢的工作方式是，即使在研究不同的碎片，也要想着这些碎片最终都会组合成完整的东西，只要顺其自然就好。有些人喜欢这样的工作方式：削好铅笔、准备好白纸，一气呵成地做完。每个人的工作方式不同罢了。我所描述的那种方式与我喜欢观察现实世界的角度不无关系。我认为真实世界是草率的；在理论世界中，你需要找到一种方法来结合理论与现实。理论世界可能更直接一点，你可以创造那个世界，但是你不能创造现实世界。那么要如何操纵这一切呢？我现在是在泄露我研究的秘密呀。

访谈者：您还记得发表第一篇论文时的心情吗？

伦纳德·克兰罗克：是的，我到现在还记忆犹新，那是我的硕士论文。我之前在林肯实验室内部发表过一些成果。1958年10月，我刚刚完成硕士论文，文章被当年在芝加哥举办的全国电子学会议选中发表。

这里面有个很有趣的故事。我的论文是关于用磁膜存储字节和信息，具体研究的是怎么把信息读出来。如果把偏振光射到薄磁膜上，它会反射，根据磁化的方向不同，偏振的结果也会有细微的差别，我们可以读出这个差别。我的工作就是聚焦于怎样增强这个效应，然后做一些逻辑反弹。

那是我的第一篇论文，我之前从来没有去过宾夕法尼亚州西部，但论文要在芝加哥提交，于是我乘飞机去了芝加哥，准备好了所有的材料，论文、我的演讲稿，全部就绪。然后我去找酒店，由于之前没订到举办会议所在的酒店的房间，所以我住的是另一家。我什么都带了，就是忘了举办会议所在的酒店的名字。我还被安排在会议第一个上午的第一部分进行演讲。我隐约记得是喜来登（Sheraton）酒店，但是我深夜才到芝加哥，而那里有四五家喜来登，于是我慌了。

我开始挨个给每家喜来登酒店打电话，问他们那里明天一早有没有学术会议，结果每家都告诉我没有。我就觉得还得靠自己，于是我在芝加哥的街头游荡。我本来打算到每一家都看看，没准就能看到哪家门口挂着"全国电子学会议"的横幅。我在找一家喜来登酒店的路上拦了一位警察问："这家喜来登在哪里？"结果他说："你是想找谢里登（Sheridan）酒店吗？有个'd'的那个？""是的！谢里登！"我终于找到酒店了，然后提交了论文。

访谈者：可以系统地讲一讲您的著作体系吗？

伦纳德·克兰罗克：好，你可以看看我的个人网页上面的介绍。我已经发表了超过 250 篇论文，都是以分析和实验为中心的，有关于分析性、关注实验的，有关于数据网络的，有关于分时、无线网络、光纤网络和游牧计算系统的，有关于其他架构和路由程序的，以及关于分级控制的，有关于区块链的，还有一些是关于高级网络架构的。此外，我还出版过一些书。

我的博士毕业论文是 1964 年出版的。我在 1962 年提交了论文，但书在 1964 年才出版。很荣幸这本书能够出版，因为麻省理工学院的论文委员会说我必须在麻省理工学院林肯实验室出版物上发表它。这是由麦格劳－希尔公司出版的，是林肯实验室系列丛书的其中一本，这个系列的其他书也很棒。

1964 年的这本书很快就售罄了，1972 年多佛出版社重新出版了但马上销售一空。2007 年再次出版，还是多佛出版社出的，因为人们对这个很感兴趣。第二本是我的《列队系统》（第一卷），是理论读本，于 1975 年出版。

我写这本书的原因是我当时在教关于数据网络和数据网络数学的课程。在这之前，工程师没有可用的令人满意的教材，我是为工程师们写的这本书。这本书高度数学化，但非常经典，第一卷是研究列队理论的关键作品之一。一年后，1976 年，《列队系统》的第二卷《计算机应用》（*Computer Applications*）出版，它是关于阿帕网以及包交换网络的，如互联网的数学理论，包含了非常先进的列队理论、测量学、网络理论等。

几年后，我出版了第一卷的解决方案手册，它更好地解释了第一卷的理论。这是我和我的一个学生理查德·盖尔一起写的。现在这个手册不仅仅是一个解决方案，而且是完整的解决方案。它不仅仅解答了第一卷中提出的所有问题，而且几乎是一个新的理论。这本书后面是附加的理论。两年后，我还是与理查德出版了第二卷的解决方案手册，也是一个完整解决方案。这本书本身就可以算得上是教科书。1996年，我和理查德·盖尔一起又出版了列队理论初级读本，以及一些问题和解决方案。

我出版过的书很多已经成为经典，是讲列队理论的书中的经典著作。时至今日，人们仍然在用这些书学习网络和列队系统的知识。其中一些经受住了时间的考验。这里有一些非常基础的结果，我对此感到非常自豪。其中很多是我自己一个人写的，还有很多是和我优秀的学生合著的。

访谈者：一直沉浸在科学的世界里，那么您对文学、艺术之类的有没有兴趣呢？

伦纳德·克兰罗克：很有兴趣。我对历史有很浓厚的兴趣，成年以后常学习历史。我的妻子在欧洲出生和长大，我和她一起回过西乌克兰，我父亲也是那里人。我母亲的家乡离那里也不远。我父亲的家乡和我妻子出生的地方的距离只有10英里，那里还曾是波兰和奥匈帝国的领土，所以我对那段历史很有兴趣。

我也很喜欢研究鸟类，从当童子军开始，在我的影响下，我妻子也对鸟类产生了兴趣。这基本上是最近才恢复的爱好。

但是我最喜欢做的还是与科学、工程相关的事情。我总是在思考，回到之前我说的，电脑是批判性思考的最大敌人，除了我之前提过的原因，还有就是人们依赖它去做所有的运算。人们还用它来获取信息，这有好也有坏，因为这个导致人们什么也不记了。但是，如果你不把一些关键的数理或模型等放到自己的脑袋里，你就不能用它们来思考，如果你不能用它们来思考，你就不能创造出新的事物。而当你洗澡的时候，开车的时候，即将入睡的时候，也就是灵感来找你的时候。这时你就会因为无法运用你所知道的物理、化学、工程知识对其进行加工，而无法产生新的想法。这就是我为什么说把知识装进脑子里是很重要的。

访谈者：您有没有经历过一些困难？

伦纳德·克兰罗克：我已经提到过好几个了。

一个是上夜校。像我说的那样，我并不是没有可能辍学。我很多同学都辍学了，因为无法承受压力，或者开始做别的事情，这是一个。

另一个是当我到麻省理工学院后，我突然来到了一群真正顶级的、有才华的、厉害的同学之中。麻省理工学院是个要求很严格的学校，很多人入学之后，都因为无法达标而退学。有一门课——线性系统的瞬变，授课教师是默里·加德纳（Murray Gardner）和约翰·巴恩斯（John Barnes）。我进麻省理工学院的时候默里·加德纳是我的导师，不过我的研究项目主管是别人。这个项目主管跟我说加德纳教这门课，我应该去上，因为只有学好这门课的学生才能被称为真正的男人。这就是他们做出决定的地方。所以我就去了，走进教室。作为纽约城市学院的电子工程学的尖子生一路走来，我一直对自己挺满意的。我走进了这间有很多好学生的教室，第一次期中考试满分 100，而我只考了 50 分。我想："这是怎么回事?"这件事给我敲响了警钟，我发现我之前学的都太浅显，我需要更刻苦地学习，隔三岔五地学一点是不够的，得投入更多时间，更严肃地对待学习，需要研究得更深入一些。于是我就这样做了，最后这门课我得了 A。这是我需要克服的一个困难，如果我没有攻克，也就无法顺利毕业了。

结婚并不难，但的确是个挑战，尤其是当时我和我妻子都在读书，那是一个很不寻常的状态。

其他挑战的话，离婚并不容易，尤其是还有两个小孩子，这个并非不寻常，只是很困难。这在当时可能更不寻常一点，对我消耗很大。

健康方面我从没有过问题，除了2007年我在意大利出了次严重的车祸。那是自行车事故，我在自行车道晕了过去，详情我不太记得了，我昏迷了四五分钟，然后关于这次车祸就什么都不记得了。但是我完全恢复了。

我的妻子在2000年得了癌症，那个时候挺难的，不过她挺过来了，现在身体也不错。

职业上倒并没有什么，一切都挺顺利的。

访谈者：您认为成功所需的因素有哪些？

伦纳德·克兰罗克：运气，动力，投入。愿意接受失败，而不是被它打垮，这很重要。因为一直以来，每当失败时，我都会从中得到警示，你要么崩溃，要么继续前进。找准动力，努力地工作，这一点不容易做到。

就像我之前说的，要对自己有信心。选择自己感兴趣的工作，并对世界充满好奇。我认为好奇心是去探索和坚持的一个关键性要素。要抓住身边的不寻常之事，不要和它擦肩而过，因为这些不寻常才是有趣的事情发生的地方。

有时候家庭背景不是必备条件。人们通常认为，一名优秀的科学家必定来自有科学家的家庭，其实并不尽然。相反，有时候这样的家庭背景反倒是个障碍，因为你觉得自己必须要和父母抗衡，这就成了一种阻碍。假如在一个开放的环境里，或许成功对你而言反而更容易一些。并不是说背景一定会成为阻碍，只是有可能会成为阻碍。

我再重申一次，保持专注，但不要执着于制订的规划，一切都会水到渠成。我们必须要愿意在自己认为正确的道路上做出改变，不要害怕，要善于发现机会，抓住机遇。我常对学生们讲，不要跟风，要特立独行。因为如果是一条大家都走的路，可能资源就不够丰富。要远离财富。尝试新的事物，它们有潜力、有挑战。总之，努力工作。

访谈者：好的，谢谢您，这对我们非常有启发！祝您一切顺利。我们合影留念吧。

伦纳德·克兰罗克：好的（合影留念）。

伦纳德·克兰罗克访谈手记

方兴东

"互联网口述历史"项目发起人

2020 年 10 月 29 日，看到邮件提示信息，标题是"互联网今天 51 岁了"，我猛然想起来这个特殊的日子。这个时刻，美国疫情丝毫没有好转的迹象，美国大选也进入最后扣人心弦的关头。能够记起这个日子的，那应该是"互联网之父"伦纳德·克兰罗克，我马上打开邮件，果然是他发来的，内容是："感觉好像就是昨天，去年的今天，我们的加州大学洛杉矶分校召开互联网诞生 50 周年的庆典活动'Internet50'。好了，今天是互联网 51 岁的生日。生日快乐，互联网！"他在邮件中接着说："我们借此机会发布成立加州大学洛杉矶分校连接实验室（Connection Lab），加州大学洛杉矶分校连接实验室旨在提供一个环境，支持所有关于连接性前沿技术方面的研究，并将该研究的成果推广至全球社会。你为什么不来看看？"

人生高光时刻：互联网 50 周年庆典

伦纳德·克兰罗克的邮件让我马上回忆起 2019 年在加州大学洛杉矶分校那场盛大的互联网 50 年庆典。互联网 50 年庆典活动不少，但是规模最大、最隆重的，就是在加州大学洛杉矶分校举办的这场。为期一天的活动放在萨穆里工程学院，会场可容纳 1800 多人。这是美国国家科学奖获得者、加州大学洛杉矶分校计算机系教授伦纳德·克兰罗克博士的主场。活动名称很明确，即"庆祝互联网诞生 50 周年"（Celebrating the 50th Anniversary of the Birth of the Internet），时间当然是放在 2019 年 10 月 29 日。虽然温顿·瑟夫不认可这个互联网的生日，但克兰罗克是他名副其实的老师，他来捧场是应该的。鲍勃·卡恩则以时间冲突为由没有出席。

2019 年 10 月 29 日，开拓性的阿帕网先驱者与当今的领先技术人员和远见卓识的专家齐聚"互联网 50 年：从创始人到未来主义者"（Internet 50: From Founders to Futurists）活动现场，一起探讨互联世界的起源、当前状态和未来抱负。在伦纳德·克兰罗克的主持下，温顿·瑟夫、斯蒂芬·克罗克（Stephen Crocker）、查理·克莱恩（Charles Kline）、比尔·杜瓦尔（Bill Duvall）共同讨论了孕育互联网这一世界上最伟大发明的文化。他们都是当年的团队成员，帮助开发了阿帕网的协议。其后，鲍勃·梅特卡夫（Bob Metcalfe）、拉迪亚·珀尔曼（Radia Perlman）、美国高级研究计划局主任史蒂文·沃克（Steven Walker）等技术专家以及来自技术、娱乐和科学领域的风云人物继续讨论了当今互联网提出的紧迫问题，包括改善在线安全性，技术如何帮助阻止虚假新闻的传播及其可能会进一步破坏常规业务的趋势，技术停滞的前景以及在线人群对社会的影响力。

对于今天互联网衍生的诸多破坏性的力量，互联网开创者们最为关注。克兰罗克在发言中表示，他感到遗憾的是，当年由于缺乏远见卓识，没有为验证用户和数据文件建立更好的互联网工具的基础。克兰罗克准备建立一个新的连接实验室，专门研究与互联网有关的所有事物，包括机器学习社交网络、区块链和物联网，以期制止在线邪恶，尤其是减轻它对互联网造成的一些意想不到的后果。本次庆典包括这个实验室的创办和运行，本来商谈我们也能够深度参与其中，但是因为中美科技竞争越来越激烈，出于对中国资本的忌讳，这一设想最终被搁置。

活动之后，是一场加州大学洛杉矶分校校园露天晚宴，诸多老朋友相聚畅谈，我们也利用这个机会和诸多互联网先驱面对面沟通，其中大多数是已经做过访谈的老朋友，也有新的可以直接约着访谈。我们也因此见到了伦纳德·克兰罗克的夫人和他儿子。我们在敬酒的时候，跟他开玩笑地说："生日快乐！""50 岁生日快乐！"这一刻，年满 85 岁的克兰罗克真的是红光满面，精神抖擞，很有 50 岁的精神和状态。

毫无疑问，这一天，是伦纳德·克兰罗克一生的高光时刻。

第一次访谈

洛杉矶，可以说是互联网的分娩地。正是伦纳德·克兰罗克在加州大学洛杉矶分校于 1969 年 10 月 29 日晚上 10：30 完成了互联网前身阿帕网的第一个节点，才从此一生二，二生三，三生万物网。

83 岁的伦纳德·克兰罗克给我们留了 3 个小时时间，真是弥足珍贵。我们既要好好回忆半个世纪前的精彩故事，同时也要拍摄当年使用的设备。他的访谈对于"互联网口述历史"项目,当然意义非同一般。当天下午我们还将到互联网名称与数字地址分配机构总部继续访谈,这是全球互联网的根基所在。

如果说"互联网之父"有好几个人,有着一定的争议性,那么,互联网的诞生地却是毫无疑问的,那就是加州大学洛杉矶分校 3420 房间。伦纳德·克兰罗克给我们做了详细的回忆,如何在这里做出了第一个路由器、互联网第一个节点、第一次成功联网、发出的第一个信息"LO"。1969年 10 月 29 日晚上 10:30,是个历史性的时刻——互联网诞生了。

墙上有 IEEE 颁发的"出生证明",房间内还有当年的机器,连墙壁的颜色以及灯光都是当年的样子,当然还有最重要的就是克兰罗克本人,他也是这一历史纪念地的一部分。那天晚上发生的事情没有录音和录像,只有最简单的工作日志,成为唯一留下的历史记录。还有最早的那台IMP,每次有人来访,克兰罗克都要狠狠拍几下,以证明它的结实程度(我怀疑克兰罗克最终能练成铁砂掌)。房间简简单单,但是正如克兰罗克所说,来到这里要怀着朝圣的心情。

伦纳德·克兰罗克给我们详细讲述了半个世纪前互联网诞生的故事。真是想不到 83 岁的他身体如此之好,每天

还保持工作 10 个小时，而且根本没有退休的念头。不知不
觉，3 个小时过去了，时间已经是下午 1:30 了。我们还担
心影响他吃中饭，好在他说他不吃中饭，我们这才释然。

最后，我们问他，这辈子有最后悔的事情吗？他笑着
说，那就是结婚太早，上研究生时就有儿子了。

第三次访谈

2018 年 7 月 17 日，6 点醒来，拿着连夜更新的访谈提
纲，7:20 出发，顶着洛杉矶名不虚传的堵车，我终于在 9
点赶到了克兰罗克的办公室 3732（这个办公室陪伴了他在
加州大学洛杉矶分校的 56 年时光）。

有着前两次的访谈基础，这次我想重点围绕他的成
长历程展开。他讲述了父母从波兰移民，一家人生活艰
辛，他从小在纽约街头学会打架保护自己的故事。因为经
济原因，他只能上纽约城市学院的夜校，白天上班挣钱，
所以整整上了 5 年半，最后以优秀成绩毕业。

成长历程是一个人的源代码，聊得越深入就越精彩。
这次的 4 个小时，内容无疑格外丰富。伦纳德・克兰罗克
说他从来没有想过发财致富，教书育人就是最完美的选择。
他喜欢教学，前几年才不亲自上课，他的课特地安排在早

上 8 点开始，考验学生也考验自己。迄今，他已经带出 48 个博士研究生，其中很多都在各领域出类拔萃，他们的名单就醒目地列在办公室墙上。我和他一起数了数，中国学生有 14 个，超过 1/4，现在还有 3 个在读中。今年 84 岁的他，依然每天只睡 3~4 个小时，还在精神抖擞工作得不亦乐乎。下午 1 点因为他另有一个会议，我们不得不结束了长达 4 个小时的访谈。

等出了加州大学洛杉矶分校美丽的校园，我们才感觉饥肠辘辘。没吃早饭，加上 4 个小时一刻不停的访谈，的确是一场富有挑战的战斗。不过，对于"互联网口述历史"项目来说，这样的战斗基本是常态，这项"重体力活"，只有基于强大兴趣才能从容应对。战斗的一天，也是硕果累累的一天。

第四次访谈

做"互联网口述历史"项目，如果对互联网的诞生不做深入了解，那就名不副实了。所以，对于互联网 50 年前诞生初期的关键人物，我们都尽可能深入、全面地进行访谈，有的就得多次访谈，不断挖掘。互联网是由很多关键技术和关键人物构成的重大发明，所以很难用单一的日期和事件来界定其诞生之日，但其中最具有标志性的事件还是需要有所选择的。

此前，我们对克兰罗克已经访谈了 3 次，累计超过 10 个小时。所以，我们再次约他访谈时，他还很诧异，觉得该谈的东西都谈完了。我们还是要求他安排一下时间，做第四次访谈。这一次，我想让他更加具体、细致地聊聊 1969 年 10 月 29 日，加州大学洛杉矶分校和斯坦福研究院第一次连通的前后过程。

50 年前的 1969 年，克兰罗克 35 岁，恰是在人生精力最充沛的巅峰时期，他手下的团队成员有 40 多人，无疑是当年加州大学洛杉矶分校最庞大的科研团队，也是阿帕网初期最成建制的队伍。选择他这里作为网络的第一个节点，以及网络测试中心（NMC），无疑是最合适的。回忆那一年的关键事件和重要细节，是我们项目的重中之重。这是只有真正核心亲历者才能提供的宝贵的历史史实，需要抽丝剥茧，层层挖掘。

第五次访谈

这次访谈完全是临时预约的，伦纳德·克兰罗克也很给力，我们第五次访谈就这样成了。这次访谈的缘由就是另一位"互联网之父"拉里·罗伯茨的去世。克兰罗克可以说是拉里·罗伯茨最好的朋友，60 年前的 1959 年两人一起在麻省理工学院攻读博士学位，成为好友。伦纳德·克兰罗克热心外向，拉里·罗伯茨安静内向，两个性格很不相同的理工男却成了一辈子的好朋友。拉里·罗伯茨于 2018 年 12 月 26 日突然去世。克兰罗克是于 27 日收到拉里·罗伯茨儿子的邮件，得知了这个噩耗的。

中午时间，我们的访谈进行了差不多 2 个小时，克兰罗克给我们讲述了他们两人相识相知的整个过程，讲述了两人的各种趣事。博士期间两人共同使用林肯实验室的计算机，两家人一起驾车出去玩，两人一起参与互联网的前身阿帕网的建设，一起到拉斯维加斯玩，还有一起开公司，等等。两人为了提高胜算，专门研究并编写了 21 点 Blackjack 的程序算法，使得赢率可以提升 5%，这也是最佳水平。讲到这里，克兰罗克居然从自己的钱包中拿出了程序计算的押注表格。

2019 年 1 月 20 日，拉里·罗伯茨的追思会在硅谷举办，我也收到了他儿子发出的邀请函。这样的时刻，我一定得想办法安排参加。互联网的关键性基础除了 TCP/IP，还有就是包交换技术。拉里·罗伯茨的个人主页上依然放置着硅谷电台约翰·帕帕乔治（John Papageorge）的话：

"拉里 · 罗伯茨在世界通信方面所做的工作可以超过地球上任何一个人。"显然，这也是拉里 · 罗伯茨最认同的评价吧。斯人已去，当年的主要创造者从此看不到自己开创的事业如何影响世界上的每一个人。而我们，为了更开阔的未来，依然需要回溯过去，从历史中找到互联网的初心。

新冠疫情下的"互联网之父"

新冠疫情仿佛是整个人类网络生活的极限测试，现实生活关闭了，甚至整个地球都几乎停摆，但是，互联网全面开启了，而且越来越有常态化的趋势。疫情困住了很多人，也困住了项目组海外面对面的访谈。当然，这并没有困住伦纳德 · 克兰罗克。他依然活跃在网上，那就是他的连接实验室，在接受 ZDNet（至顶网）的访谈中，他谈到了这场特别的实验：

"我认识到的事情——我敢肯定世界上也有其他人正在进行一个他们自己无法进行的实验，他们永远无法在自己的身上进行。你知道，一切都关闭了，人们在家里工作。所以，从积极的一面来说，我们有机会观察这种变化，进行测量，以一种我们以前从未有的方式进行实验。我想全世界的博士生都在利用这个实验，他们并不是为了创造这个实验,而是观察正在发生的事情,所以这很好。"

"在工程学中,有一个术语叫作磁滞现象。我们已经把世界的运行方式向一个方向拉伸了。就算我们现在松开手,它也不会再回到原来的状态。过去的事情是有记忆的。"

当然,他更不会忘了"推销"他的连接实验室的宏大构想:

"加州大学洛杉矶分校连接实验室是一个新成立的研究中心,致力于塑造互联网和计算机网络的未来。它有一个合作性、跨学科、开放的研究环境,有一个基本的主题,这个主题就是连接性。该实验室的广泛议程将使教职员工、学生和来访者能够在不受外部强加的范围和风险限制的情况下,进行自己选择的研究挑战。它将从加州大学洛杉矶分校作为互联网发源地的基础性角色中汲取灵感。"

"我的目标是让它成为一个高度跨学科的合作环境。不仅与研究生和教授们合作,还与整个校园里的本科生合作,在人文和商业、社会学和医学等多个方面。如果你只专注于工科,你会变得太狭窄了。加州大学洛杉矶分校连接实验室的资金是致力于推动社会对先进网络技术的使用和理解的个人或团体捐赠的。我们的首位捐赠者是 Sunday 集团,它慷慨地提供了资金,用于创建、运营加州大学洛杉矶分校连接实验室。现在它已经关闭了,很明显,因为大流行病我们不能去那里。如果你到了加州，我们会带你去看看这个设计精美的合作研究实验室。"

"互联网之父"有了新的创造，依然还在生机勃勃的创造之中。我们期待着他的新成果，尤其是，我们希望他一直保持这种充沛的精力和乐观的态度。期待与老朋友再次相见！

生平大事记

1934 年

出生于美国纽约曼哈顿。

1957 年　23 岁

获得纽约城市学院电气工程学士学位。

1959 年　25 岁

获得麻省理工学院电气工程硕士学位。

1963 年　29 岁

获得麻省理工学院电气工程博士学位。

1957—1963 年　23～29 岁

担任麻省理工学院林肯实验室员工助理。

1963 年至今　29 岁至今

担任加州大学洛杉矶分校计算机科学系教授。

1968 年　34 岁

创办 Linkabit 公司。

1976—1998 年　42～64 岁

创办总部位于圣塔莫尼卡的技术转让研究所，它是一家
举办计算机技术和网络研讨会的会议公司。

1982—1986 年　48～52 岁

担任 IBM 科学顾问委员会成员及技术转让研究所主席。

1982 年　48 岁

获得爱立信奖。

1986 年　52 岁

获得加州大学洛杉矶分校杰出教学奖。同年获得第 12 届马

可尼国际奖。

1986—1994 年　52 ~ 60 岁
美国国家研究委员会计算机科学和电信委员会创始成员。

1990 年　56 岁
获得美国计算机协会数据通信专业组（SIGCOMM）奖。

1991—1995 年　57 ~ 61 岁
担任加州大学洛杉矶分校计算机科学系主任。

1996 年　62 岁
获得美国 SIGMA XI 科学研究荣誉协会 Monie A. Ferst 奖。
同年获得 IEEE 哈里·古德（Harry M. Goode）奖。

1998 年至今　64 岁至今
担任一个为 IT（信息技术）领域的高管组织的会员制高科技
论坛 TTI/Vanguard 的主席。

1988 年
创办计算机通道公司（Computer Channel Inc.）。

1999 年　65 岁

获得 INFORMS 总统奖。

2000 年　66 岁

获得 IEEE 互联网奖。

2001 年　67 岁

获得美国工程院德雷珀奖。

2005 年　71 岁

获得 NEC　C&C（日本电气公司通信和计算机）奖。

1995—2006 年　61~72 岁

创办游牧计算开发软件和硬件产品的机构 Nomadix，并任主席。

2006 年　72 岁

获得美国计算机协会时间考验奖（Test of Time Award）。

2007 年　73 岁

获得美国国家科学奖章（National Medeal of Science）。

2006—2010 年　72~76 岁

获得五年最佳教程论文奖。

2010 年　76 岁

获得丹·戴维奖（Dan David Prize）。

2012 年　78 岁

入选国际互联网名人堂，同年获得贝尔奖（IEEE Alexander Graham Bell Medal）。

2007—2012 年　73~78 岁

创办三方互动平台 Platformation，Platformation 为购物者、零售商和制造商提供互动平台以影响和指导消费行为。

2014 年

获得美国计算机协会移动通信专业组（SIGMOBILE）杰出贡献奖（Outstanding Contributions Award）。

2015 年

获得 BBVA 基金会"知识前沿"奖（BBVA Foundation Frontiers of Knowledge Award）。

2016 年

获得美国计算机协会移动通信专业组就职时间考验奖（Inaugural Test of Time Award）。

"互联网口述历史" 项目致谢名单

（按音序排列）

Alan Kay	Elizabeth J. Feinler
Bernard TAN Tiong Gie	Eric Raymond
Bill Dutton	Esther Dyson
Bob Kahn	Farouk Kamoun
Brewster Kahle	Franklin Kuo
Bruce McConnell	Gerard Le Lann
Charley Kline	Gordon Bell
cheng che-hoo	Håkon Wium Lie
Cheryl Langdon-Orr	Hanane Boujemi
Chon Kilnam	Henning Schulzrinne
Dae Young Kim	Hock Koon Lim
Dave Walden	James Lewis
David Conrad	James Seng
David J. Farber	Jean Francois Groff
Demi Getschko	Jeff Moss

John Hennessy	Michael S. Malone
John Klensin	Mike Jensen
John Markoff	Milton L. Mueller
Jovan Kurbalija	Mitch Kapor
Jun Murai	Nadira Alaraj
Karen Banks	Norman Abramson
Kazunori Konishi	Paul Wilson
Koichi Suzuki	Peter Major
Larry Roberts	Pierre Dandjinou
Lawrence Wong	Pindar Wong
Leonard Kleinrock	Richard Stallman
Lixia Zhang	Sam Sun
Louis Pouzin	Severo Ornstein
Luigi Gambardella	Shigeki Goto
Lynn St. Amour	Stephen Wolff
Mahabir Pun	Steve Crocker
Manuel Castells	Steven Levy
Marc Weber	Tan Tin Wee
Mary Uduma	Ti-Chaung Chiang
Maureen Hilyard	Tim o'Reily
Meilin Fung	Vint Cerf

Werner Zorn	焦　钰	魏　晨
William J. Drake	金文恺	吴建平
Wolfgang Kleinwachter	李开复	吴　韧
Yngvar Lundh	李　宁	徐玉蓉
Yukie Shibuya	李晓晖	许榕生
安　捷	李　星	袁　欢
包云岗	李欲晓	张爱琴
曹　宇	梁　宁	张朝阳
陈天桥	刘九如	张　建
陈逸峰	刘　伟	张树新
陈永年	刘韵洁	赵　婕
程晓霞	刘志江	赵　耀
程　琰	陆首群	赵志云
杜康乐	毛　伟	
杜　磊	孟　岩	
宫　力	倪光南	
韩　博	钱华林	
洪　伟	孙　雪	
胡启恒	田溯宁	
黄澄清	王缉志	
蒋　涛	王志东	

致读者

　　在"互联网口述历史"项目书系的翻译、整理和出版过程中，我们遇到的最大困难在于，由于接受访谈的互联网前辈专家往往年龄较大，都在 80 岁左右，他们在追忆早年往事时，难免会出现记忆模糊，或者口音重、停顿和含糊不清等问题，甚至出现记忆错误的情况，而且他们有着各不相同的语言、专业、学术背景，对同一事件的讲述会有很大的差异，等等，这些都给我们的转录、翻译和整理工作增加了很大的困难。

　　为了客观反映当时的历史原貌，我们反复听录音，辨口音，尽力考证还原事件原委，查找当年历史资料，并向互联网历史专家求证核对，解决了很多问题。但不得不承认，书中肯定也还有不少差错存在，恳切地希望专家和各界读者不吝指正，以便我们在修订再版时改正错误，进一步提高书稿内容质量。

联系邮箱：help@blogchina.com